工程施工安全必读系列

装饰装修工程

张福芳　主编

中国铁道出版社

2012年·北京

内 容 提 要

本书以问答的形式介绍了抹灰工程、吊顶工程、隔墙工程、饰面板工程、油漆工程、裱糊和饮包工程、细部工程、外墙外保温工程、装饰装修机械设备的施工安全技术,做到了技术内容最新、最实用,文字通俗易懂,语言生动,并辅以直观的图表,能满足不同文化层次的技术工人和读者的需要。

图书在版编目(CIP)数据

装饰装修工程/张福芳主编.—北京:中国铁道出版社,2012.5
(工程施工安全必读系列)
ISBN 978-7-113-13800-4

Ⅰ.①装… Ⅱ.①张… Ⅲ.①建筑装饰-工程施工-安全技术-问题解答 Ⅳ.①TU767-44

中国版本图书馆 CIP 数据核字(2011)第 223749 号

	工程施工安全必读系列
书　名:	装饰装修工程
作　者:	张福芳

策划编辑:	江新锡
责任编辑:	曹艳芳　陈小刚　电话:010—51873193
封面设计:	郑春鹏
责任校对:	王　杰
责任印制:	郭向伟

出版发行:中国铁道出版社(100054,北京市西城区右安门西街8号)
网　　址:http://www.tdpress.com
印　　刷:北京市燕鑫印刷有限公司
版　　次:2012年5月第1版　2012年5月第1次印刷
开　　本:850mm×1168mm　1/32　印张:2.25　字数:60千
书　　号:ISBN 978-7-113-13800-4
定　　价:7.00元

工程施工安全必读系列
编写委员会

前　言

　　建设工程安全生产工作不仅直接关系到人民群众生命和财产安全,而且关系到经济建设持续、快速、健康发展,更关系到社会的稳定。如何保证建设工程安全生产,避免或减少安全事故,保护从业人员的安全和健康,是工程建设领域急需解决的重要课题。从我国建设工程生产安全事故来看,事故的根源在于广大从业人员缺乏安全技术与安全管理的知识和能力,未进行系统的安全技术与安全管理教育和培训。为此,国家建设主管部门和地方先后颁布了一系列建设工程安全生产管理的法律、法规和规范标准,以加强建设工程参与各方的安全责任,强化建设工程安全生产监督管理,提高我国建设工程安全水平。

　　为满足建设工程从业人员对专业技术、业务知识的需求,我们组织有关方面的专家,在深入调查的基础上,以建设工程安全员为主要对象,编写了工程施工安全必读系列丛书。

　　本丛书共包括以下几个分册:

　　🕮《建筑工程》

　　🕮《安装工程》

　　🕮《公路工程》

装饰装修工程

📚《市政工程》

📚《园林工程》

📚《装饰装修工程》

📚《铁路工程》

　　本丛书依据国家现行的工程安全生产法律法规和相关规范规程编写,总结了建筑施工企业的安全生产管理经验,此外本书集建筑施工安全管理技术、安全管理资料于一身,通过大量的图示、图表和翔实的文字,使本书图文并茂,具有实用性、科学性和指导性。本书完全按照新标准、新规范的要求编写,以利于施工现场管理人员随时学习及查阅。

　　本书对提高施工现场安全管理水平、人员素质,突出施工现场安全检查要点,完善安全保障体系,具有较强的指导意义。该书是一本内容实用、针对性强、使用方便的安全生产管理工具书。

编者

2012 年 3 月

目录

📚 第三章　隔墙工程施工安全

📚 第四章　饰面板（砖）工程施工安全

📚 第五章　油漆工程施工安全

目 录

装饰装修工程

抹灰工程施工安全

怎样操作才能保障抹灰工程施工的安全？

(1)墙面抹灰的高度超过 1.5 m 时,要搭设脚手架或操作平台,大面积墙面抹灰时,要搭设脚手架。

(2)搭设抹灰用高大架子必须有设计和施工方案,参加搭架子的人员,必须经培训合格,持证上岗。

(3)高大架子必须经相关职业健康安全部门检验合格后方可开始使用。

(4)施工操作人员严禁在架子上打闹、嬉戏,使用的工具灰铲、刮木工等不要乱丢乱扔。

(5)高空作业衣着要轻便,禁止穿硬底鞋和带钉易滑鞋上班,并且要求系挂安全带。

(6)遇有恶劣气候(如风力在 6 级以上),影响职业健康安全施工时,禁止高空作业。

(7)提拉灰斗的绳索,要结实牢固,防止绳索断裂灰斗坠落伤人。

(8)施工作业中尽可能避免交叉作业,抹灰人员不要在同一垂直面上工作。

(9)施工现场的脚手架、防护设施、职业健康安全标志和警告牌,不得擅自拆动,需拆动应经施工负责人同意,并同专业人员加固后拆动。

(10)乘人的外用电梯、吊笼应有可靠的职业健康安全装置,禁止人员随同运料吊篮、吊盘上下。

(11)对安全帽、安全网、安全带要定期检查,不符合要求的严禁使用。

怎样才能使抹灰不空鼓、不开裂和不烂根？

由于抹灰前基层底部清理不干净或不彻底,抹灰前不浇水,每层灰抹得太厚,跟得太紧;对于预制混凝土,光滑表面不剔毛、也不甩毛,甚至混凝土表面的酥皮也不剔除就抹灰;加气混凝土表面没清扫,不浇水就抹灰;抹灰后不养护。

为解决好空鼓、开裂的质量问题,应从三方面下手解决:第一施工前的基体清理和浇水;第二施工操作时分层分遍压应认真,不马虎;第三施工后及时浇水养护,并注意操作地点的洁净,抹灰层一次抹底,到克服烂根。

怎样才能使抹灰工程滴水线(槽)符合要求？

窗台、碹脸下边应留滴水槽,在施工时应设分格条,起条保持滴水槽有 10 mm×10 mm 的槽,严禁抹灰后用溜子划缝压条,或用钉子划沟。

怎样才能使抹灰工程窗台不吃口？

同一层的窗台标高不一致,为保证外饰面抹灰线条的横平竖直需拉通线找规矩,故造成窗台吃口,影响使用,首先要求结构施工时标高要正确,考虑好抹灰层厚度,并应注意窗台上表面抹灰应伸入框内 10 mm,并应勾成小圆角,上口应找好流水坡度。

怎样才能使抹灰面层接搓平整和颜色一致？

茬子甩得不规矩,留茬不平,故接茬时难找平。注意接茬应避免在块中,应留置在分格条处,或不显眼的地方;外抹水泥一定要采

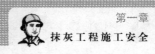
用同品种、同批号进场的水泥,以保证抹灰层的颜色一致。施工前基层浇水要透,便于操作,避免压活困难将表面压黑,造成颜色不均。

怎样才能保障水泥(混合)砂浆抹灰的质量要求?

(1)抹灰前基层表面的尘土、污垢、油渍等应清除干净,抹灰前一天将墙面自上而下用水湿润。

(2)各抹灰层之间、抹灰层与基体之间要黏结牢固,无脱层、空鼓,面层无缺陷、爆灰和裂缝。

(3)外墙抹灰工程施工应先安装钢木门窗框、护栏等并将墙上的施工孔洞堵塞密实,检查门窗框安装是否固定牢固。

(4)控制抹灰厚度。抹灰厚度过大时,容易产生起鼓,脱落等质量问题。普通抹灰厚度18 mm,高级抹灰厚度一般为25 mm。且应分层进行,每层厚度宜控制在7~9 mm。

(5)当抹灰总厚度不小于35 mm时,或采用不同材料基体交接处表面的抹灰,应采取加强措施。防止墙面开裂或起鼓脱落。当采用加强网时,加强网与各基体的搭接宽度不应小于100 mm。

(6)室内墙面、柱面的阴阳角和门窗洞口的阳角要符合设计要求,无设计要求时,宜用1:2水泥砂浆做暗护角用阳角抹子推出小圆角高度不低于2 m。每侧宽度不小于50 mm,护角要圆润光洁,用抖角器抖光压实,使其呈八字形小圆角。

(7)一般抹灰工程施工的环境温度,高级抹灰不应低于5 ℃,普通抹灰应在10 ℃以上。

(8)抹灰的分格线宽度要均匀一致、深浅一致、条(缝)平直光滑、楞角明显、横平竖直、通顺平整。有排水要求的部位做滴水线(槽)、滴水线应内高外低、滴水槽的宽度和深度不应小于10 mm。

(9)抹灰表面要满足以下要求。

1)普通抹灰:表面光滑、洁净、接茬平整,分格缝应清晰。

2)高级抹灰:表面光滑、洁净、颜色均匀、无抹纹,分格缝、线角和灰线应清晰美观。

 装饰装修工程

（10）护角、孔洞、线盒周围的抹灰要表面光滑，边缘整齐，尺寸正确；管道后面抹灰表面应平整，缝隙填塞密实。

怎样才能保障粉刷石膏抹灰的质量要求？

（1）抹灰所用材料的品种和性能应符合设计及国家规范、标准的要求。

（2）抹灰工程应分层进行，不同材料的分层抹灰厚度应符合国家规范的要求。当抹灰总厚度不小于 35 mm 时，应采取有效的加强措施。不同材料基体交接处表面的抹灰，应采取防止开裂的加强措施，当采用加强网时，加强网与各基体的搭接宽度不应小于100 mm。

（3）抹灰层与基层之间及各抹灰层之间必须黏结牢固，抹灰层应无脱层、空鼓，面层应无裂缝。

（4）设计要求抹灰层具有防水、防潮功能时，应采用防水砂浆。防水砂浆外加剂应按规定进行试配，掺量应符合设计及产品使用说明的要求。

（5）粉刷石膏抹灰工程的表面质量应符合下列规定。

1）普通抹灰：表面应光滑、洁净、接茬平整，分格缝及灰线应顺直、清晰（毛面纹路均匀一致）。

2）高级抹灰：表面应光滑、洁净、颜色均匀、无抹纹，分格缝和灰线应平直方正、清晰美观。

（6）护角、孔洞、槽、盒周围的抹灰表面应边缘整齐、方正、光滑；设备管道、暖气片等后面的抹灰表面应平整、光滑。门窗框与墙体的缝隙应填塞饱满，表面平整光滑。

（7）抹灰层的总厚度应符合设计要求。

（8）立面分格缝的设置应符合设计要求，宽度和深度应均匀，表面应光滑，棱角应整齐。

（9）有排水要求的部位应做滴水线（槽）。滴水线（槽）应整齐顺直，滴水线应内高外低。

（10）粉刷石膏抹灰工程质量的允许偏差和检验方法应符合表

4

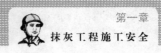

第一章
抹灰工程施工安全

1—1 的规定。

表 1—1　粉刷石膏抹灰的允许偏差和检验方法

项次	项　目	允许偏差（mm）		检验方法
		普通抹灰	高级抹灰	
1	立面垂直度	4	2	用 2 m 垂直检测尺检查
2	表面平整度	4	2	用 2 m 靠尺及塞形尺检查
3	阴阳角方正	4	2	用直角检测尺检查
4	分格条（缝）直线度	4	2	拉 5 m 线，不足 5 m 拉通线，用钢直尺检查
5	墙裙、勒脚上口直线度	4	2	拉 5 m 线，不足 5 m 拉通线，用钢直尺检查

第二章

吊顶工程施工安全

怎样才能保障吊顶工程施工的基本安全？

(1)无论是高大工业厂房的吊顶还是普通住宅房间的吊顶均属于高处作业，因此作业人员要严格遵守高处作业的有关规定，严防发生高处坠落事故。

(2)吊顶的房间或部位要由专业架子工搭设满堂红脚手架，脚手架的临边处设两道防护栏杆和一道挡脚板，吊顶人员站在脚手架操作面上作业，操作面必须满铺脚手板。

(3)吊顶的主、副龙骨与结构面要连接牢固，防止吊顶脱落伤人。

(4)吊顶下方不得有其他人员来回行走，以防掉物伤人。

(5)作业人员要穿防滑鞋，行走及材料的运输要走马道，严禁从架管爬上爬下。

(6)作业人员使用的工具要放在工具袋内，不要乱丢乱扔，同时高空作业人员禁止从上向下投掷物体，以防砸伤他人。

(7)作业人员使用的电动工具要符合安全用电要求，如需用电焊的地方必须由专业电焊工施工。

怎样才能保障金属板吊顶面不下垂？

(1)金属板吊顶面下垂主要原因：①龙骨未调平；②视觉效应。

(2)金属板吊顶面下垂的防治措施：①严格施工操作，按规范要求重新调平；②对于室内净空高度较小，且吊顶面积较大时，虽检测为平整，但由于视觉效应，下凹感较严重，因此，在安装龙骨要注意

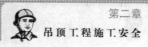

起拱,起拱高度不应小于房间短向跨度的1/200。

怎样才能防止吊顶条板间高低不错台?

(1)条板间高低错台主要原因是:①龙骨未调平或安装不稳固,条板固定时受力不均匀;②条板材料平直度差,安装未做调直处理。

(2)条板间高低错台的防治措施:①金属条板安装时,必须严格要求其配套龙骨及板面材料的平直度与装配精度,不合要求者,应重新调平,安装稳固;②适用合格的金属条板材料,吊板边条也应使用配套材料,不平直的条板应调直后再用。

怎样才能使金属条形板吊顶板面的线性走向符合设计要求?

(1)金属条形板吊板面的线型走向与设计不符主要原因是:未按设计要求施工。

(2)金属条形板吊板面的线型走向与设计不符的防治措施:施工前必须经过图纸会审,明确设计意图及条板排列方向,特别是吊顶面设置有带式和点式照明、空调送风口、消防设施的外露部分及其他较复杂的装饰布置时,应严格掌握其尺寸、纵横走向,以及分条板线型关系。

怎样才能保障明龙骨吊顶的质量要求?

(1)吊顶工程中的预埋件,钢筋吊杆和型钢吊杆应进行防锈处理。

(2)木吊杆、木龙骨和木饰面板必须进行防火处理,使之符合设计防火规范的规定。

(3)安装龙骨前,应对房间净高,洞口标高和吊顶内管道、设备及其支架的标高进行交接检查。

(4)安装饰面板前,应检查吊顶内管道和设备调试是否完成。

(5)吊杆距主龙骨端部不得大于 300 mm,当大于 300 mm 时,应增加吊杆,当吊杆长度大于 1.5 m 时,应增设反支撑。

(6)吊顶标高、尺寸、起拱和造型应符合设计要求。

(7)饰面材料的材质、品种、规格、图案和颜色应符合设计要求。当饰面材料为玻璃板时,还要检查所采取的可靠安装措施。

(8)吊杆、龙骨的材质、规格、安装间距及连接方式应符合设计要求,金属、吊杆、龙骨应进行表面防腐处理。吊杆和龙骨安装必须牢固。

(9)饰面板安装应稳固严密。饰面板与龙骨的搭接宽度,应大于龙骨受力面宽度的 2/3。

(10)饰面板表面应洁净,色泽一致,不得有翘曲、裂缝及缺损。饰面板与明龙骨的搭接应平整、吻合、压条应平直、宽窄一致。

(11)金属龙骨的按缝应平整、吻合、颜色一致,不得有划伤、擦伤等表面缺陷。木龙骨应平整、顺直、无劈裂。

(12)吊顶内填充吸声材料的品种和铺设厚度应符合设计要求,应有防散落措施。

(13)水平控制线施测必须准确无误,跨度较大时应在中间适当位置加设控制点。骨架必须调平后再安装面板,安装面板时严格按水平控制线控制标高,在同一房间内应拉通线控制,以免造成吊顶不平、接缝不顺直。

(14)轻钢骨架预留的各种孔、洞(灯具口、通风口等)处,其构造应按规范、图集要求设置附加龙骨和吊杆及连接件。避免孔、洞周围出现变形和裂缝。

(15)吊杆、骨架应固定在主体结构上,不得吊挂在顶棚内的各种管线、设备上,吊杆螺母调整好标高后必须锁紧,轻钢骨架之间的连接应牢固可靠,以免造成骨架变形使顶板不平、开裂。

(16)施工前应注意挑选板块,规格应一致;板块在下料切割时,应控制好切割角度,切口的毛茬、崩边应修整平直;安装时应拉通线找正、找平,避免出现接缝明显、露白茬、不顺直、错台等问题。

(17)各专业工种应与装饰工种密切配合施工,施工前先确定方案,按合理土序施工;各孔、洞应先放好线后再开洞,以保证位置准

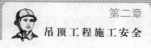

确、吊顶与设备衔接吻合、严密。

怎样才能保障暗龙骨吊顶的质量要求?

(1)安装吊顶前,应对房间净高、洞口标高、顶内管道设备及其支架的标高进行检验。

(2)吊顶工程的木吊杆、木龙骨和木饰面板必须进行防火处理,并符合有关防火设计规范的要求。

(3)吊顶工程的预埋件、钢筋吊杆和型钢吊杆应进行防锈处理。

(4)吊杆距主龙骨端部距离不得大于 300 mm,当大于 300 mm 时应增加吊杆。当吊杆长度大于 1.5 m 时应设置反支撑。

(5)安装饰面板前应对吊顶内管道和设备的调试情况进行检查验收。

(6)吊杆、龙骨和饰面材料安装必须牢固。

(7)吊杆、龙骨的材质、规格、安装间距及连接方式应符合设计要求。金属吊杆、龙骨表面应经防腐处理;木吊杆、木龙骨应进行防火、防腐处理。

(8)吊顶标高、尺寸、起拱和造型应符合设计要求。

(9)饰面材料的材质、品种、规格、图案和颜色应符合设计要求。

(10)石膏板的接缝应按其工艺标准进行板缝的放裂处理,安装双层石膏板时,面层板与基层板的接缝应错开,并不得在同一根龙骨上接缝。

(11)饰面材料表面应洁净、色泽一致、不得有翘曲、裂缝及缺损。压条应平直、宽窄一致。

(12)饰面板上的灯具、烟感器、喷淋头;风口篦子等设备的位置应合理、美观,与饰面板交接应吻合、严密。

怎样才能保障金属吊顶的质量要求?

(1)吊顶标高、尺寸、起拱和造型应符合设计要求。

(2)金属板的材质、品种、规格、图案及颜色应符合设计要求及

国家标准的规定。

（3）吊杆、龙骨的材质、规格、安装间距及连接方式应符合设计及产品使用要求。金属吊杆应进行表面防锈处理。

（4）金属板与龙骨连接必须牢固可靠，不得松动变形。

（5）金属板条、块分格方式应符合设计要求，无设计要求时应对称美观；套割尺寸应准确，边缘整齐、不漏缝。条、块排列应顺直、方正。

（6）金属板的表面应洁净、美观、色泽一致，无翘曲、凹坑、划痕。

（7）金属板安装质量应符合以下规定：起拱较为准确，表面平整；接缝、接口严密；条形板接口位置排列错开、有序，板缝顺直、无错台，宽窄一致；阴阳角方正。

怎样才能保障玻璃吊顶的质量要求？

（1）吊顶标高、尺寸、起拱和造型应符合设计要求。

（2）饰面板的材质、品种、规格、图案和颜色固定方法等必须符合设计要求和国家规范、标准规定。

（3）吊杆、龙骨和饰面材料的安装必须稳固、严密、无松动。饰面材料与龙骨、压条的搭接宽度应大于龙骨、压条受力面宽度的2/3。

（4）吊杆、龙骨的材质、规格、安装间距及连接方式应符合设计及规范要求。金属吊杆、龙骨应经过防锈或防腐处理；木吊杆、龙骨应进行防火、防腐处理。

（5）金属吊杆、龙骨的接缝应均匀一致，角缝应吻合，表面应平整，无翘曲、锤印。木质吊杆、龙骨应顺直、无劈裂、变形。

（6）饰面材料表面应洁净、色泽一致，不得有翘曲、裂缝及缺损。压条应平直、宽窄一致。

（7）饰面板上的灯具、烟感器、喷淋头、风口算子等设备的位置应合理、美观，与饰面板的交接应吻合、严密。

（8）玻璃饰面板表面应洁净、色泽一致，边缘整齐不得残缺损伤。缝隙顺直、宽窄一致。压在玻璃、图案玻璃的拼装、颜色均匀

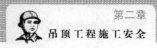

一致。

(9)玻璃饰面板安装牢固、接缝、接口严密、板缝顺直、无错台、错位。结合严密、宽窄均匀、裁口割向准确、边缘应齐平、接口应吻合、严密、平整。

(10)吊顶内填充吸声材料的品种和铺设厚度应符合设计要求,并应有防散落措施。

怎样才能保障花栅吊顶的质量要求?

(1)吊顶标高:尺寸、起拱和造型应符合设计要求。

(2)格栅板的材质、品种、式样、规格、图案、颜色和造型尺寸必须符合设计要求。

(3)吊杆、龙骨和格栅板的安装必须稳固、严密、无松动。

(4)吊杆、龙骨的材质、规格、安装间距及连接方式应符合设计及规范要求。金属吊杆、龙骨应经过防锈或防腐处理;木吊杆、龙骨应进行防火、防腐处理。

格栅板表面应洁净、色泽一致,不得有扭曲、变形及划伤,镀膜完好、无脱层。格栅板接头、接缝形式应符合设计要求,无错台、错位现象,接口位置错落有序,排列顺直、方正、美观。

(5)格栅吊顶上的灯具、烟感器、喷淋头、风口箅子等设备的位置应合理、美观,与格栅板的交接应吻合。异形板排放位置合理、美观,套割尺寸准确,边缘整齐,不露缝。

(6)金属吊杆、龙骨的接缝应均匀一致,角缝应吻合,表面应平整,无翘曲、锤印,颜色一致,不得有划伤、擦伤等表面缺陷。

(7)收边条的材质、规格、安装方式应符合设计要求,安装应顺直。分格、分块缝应宽窄一致。

怎样才能保障暗龙骨吊顶的施工安全?

(1)严格按弹好的水平和位置控制线安装周边骨架;受力节点应按要求用专用件组装连接牢固,保证骨架的整体刚度;各龙骨的

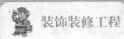

规格、尺寸应符合设计要求，纵横方向起拱均匀，互相适应，用吊杆螺栓调整骨架的起拱度；金属龙骨严禁有硬弯，以确保吊顶骨架安装牢固、平整。

（2）施工前应准确弹出吊顶水平控制线；龙骨安装完后应拉通线高速高低，使整个底面平整，中间起拱度符合要求；龙骨接长时应采用专用件对接；相仿龙骨的接头要错开，龙骨不得向一边倾斜；吊件安装必须牢固，各吊杆的受力应一致，不得有松弛、弯曲、歪斜现象；龙骨分档尺寸必须符合设计要求和饰面板块的模数。安装饰面板的螺钉时，不得出现松紧不一致的现象；饰面板安装前应调平、规方；龙骨安装完应经检验合格后再安装饰面板，以确保吊顶面层的平整度。

（3）饰面板安装前应逐块进行检验，边角必须规整，尺寸应一致；安装时应拉纵横通线控制板边；安装压条应按线进行钉装；以保证接缝均匀一致、平顺光滑，线条整齐、密合。

（4）轻钢骨架预留的各种孔、洞（灯具口、通风口等）处，其构造应按规范、图集要求设置龙骨及连接件。避免孔、洞周围出现变形和裂缝。

（5）吊杆、骨架应固定在主体结构上，不得吊挂在顶棚内的各种管线、设备上，吊杆螺母调整好标高后必须固定拧紧，轻钢骨架之间的连接必须牢固可靠。以免造成骨架变形使顶板不平、开裂。

（6）饰面板、块在下料切割时，应控制好切割角度，切口的毛茬、崩边应修整平直。避免出现接缝明显、接口露白茬、接缝不平直、接缝错台等问题。

（7）各专业工种应与装饰工种密切配合施工，施工前先确定方案，按合理工序施工；各孔、洞应先放好线再开洞，以保证位置准确、吊顶与设备衔接吻合、严密。

怎样才能保障金属吊顶的施工安全？

（1）吊顶骨架的受力节点应按要求，用专用件组装连接牢固，保证骨架的整体刚度；各龙骨的规格、尺寸应符合设计要求，纵横方向

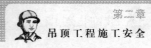

起拱均匀,互相适应;金属龙骨不得有硬弯,否则应先调直后再进行安装,以确保吊顶骨架安装牢固、平整。

(2)施工前应准确弹出吊顶水平控制线;龙骨安装完后应拉通线调整高低,使整个骨架底面平整,中间起拱度符合要求;龙骨接长时应采用专用件对接,相邻龙骨的接头要错开,龙骨不得向一边倾斜;吊件安装必须牢固,各吊杆的受力应一致,不得有松弛、弯曲、歪斜现象;龙骨分档尺寸应符合设计要求和饰面板块的模数。安装饰面板的螺钉时,松紧应一致;龙骨安装完应经检查合格后再安装饰面板,以确保吊顶面层的平整度。

(3)饰面板安装前应逐块进行检查,并进行调平、规方,使边角规整,尺寸一致;安装时应拉纵横通线进行控制,收口压条应按控制线进行安装,以保证接缝均匀、顺直、整齐、密合。

(4)轻钢骨架在预留的各种孔、洞(灯具口、通风口等)处,应按设计、规范、图集对局部节点的要求进行加固,一般设置附加龙骨及连接件,避免孔、洞周围出现变形和裂缝。

(5)吊杆、骨架应固定在主体结构上,不得吊挂在其他管线、设备上;调整好龙骨标高后,必须将吊杆螺母拧紧;骨架之间的连接应牢固可靠,以免造成骨架变形使顶板不平、开裂。

(6)饰面板、块在下料切割时,应控制好切割角度,安装前应将切口的毛边修整平直,避免出现接缝明显、接口露白茬、接缝不平直、错台等问题。

(7)各专业工种应与装饰工种密切配合施工。施工前先确定方案,按合理工序施工,各孔、洞应先放好线后再开洞,以保证位置准确,吊顶与设备衔接吻合、严密。

怎样才能保障玻璃吊顶的施工安全?

(1)主龙骨安装完后应认真进行一次调平,调平后各吊杆的受力应一致,不得有松弛、弯曲、歪斜现象。并拉通线检查主龙骨的标高是否符合设计要求,平整度是否符合规范、标准的规定。避免出现大面积的吊顶不平整现象。

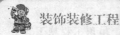

（2）各种预留孔、洞处的构造应符合设计要求，节点应合理，以保证骨架的整体刚度、强度和稳定性。

（3）顶棚的骨架应固定在主体结构上，骨架整体调平后吊杆的螺母应拧紧。顶棚内的各种管线、设备件不得安装在骨架上。避免造成骨架变形、固定不牢现象。

（4）饰面玻璃板应保证加工精度，尺寸偏差应控制在允许范围内。安装时应注意板块规格，并挂通线控制板块位置，固定时应确保四边对直。避免造成饰面玻璃板之间的隙缝不顺直、不均匀现象。

怎样才能保障花栅吊顶的施工安全？

（1）吊杆安装应牢固，龙骨安装调平后各吊杆的受力应一致，不得有松弛、弯曲、歪斜现象；施工时应认真检查各吊挂点的受力情况，并拉通线检查调整吊顶的标高与平整度。避免造成吊顶标高不准、吊顶面不平的现象。

（2）吊顶骨架在各种预留孔、洞处，应按相应节点构造要求设置附加龙骨及连接件，使节点构造符合设计及相关规范要求。以保证骨架的刚度和整体稳定性。

（3）吊杆及骨架应安装在主体结构上，不得固定在顶棚内的各种管线、设备上，骨架调平后吊杆螺母卡件应全部拧紧、卡牢，避免出现骨架不稳、不牢，格栅吊顶晃动的现象。

（4）安装前应对格栅板进行挑选，避免因规格、颜色不一造成格栅缝隙不匀、不直，板块之间色差明显的质量弊病。

（5）施工时注意拉通线找平、找直，以保证吊顶面平整，接缝顺直、均匀。

第三章

隔墙工程施工安全

怎样才能保障隔墙工程施工的基本安全？

(1)施工现场必须结合实际情况设置隔墙材料贮藏间,并派专人看管,禁止他人随意挪用。

(2)隔墙安装前必须先清理好操作现场,特别是地面,保证搬运通道畅通,防止搬运人员绊倒和撞到他人。

(3)搬运时设专人在旁边监护,非安装人员不得在搬运通道和安装现场停留。

(4)现场操作人员必须戴好安全帽,搬运时可戴手套,防止刮伤。

(5)推拉式活动隔墙安装后,应该推拉平稳、灵活、无噪声,不得有弹跳卡阻现象。

(6)板材隔墙和骨架隔墙安装后,应该平整、牢固,不得有倾斜、摇晃现象。

(7)玻璃隔断安装后应平整、牢固,密封胶与玻璃、玻璃槽口的边缘应黏结牢固,不得有松动现象。

(8)施工现场必须工完场清。设专人洒水、打扫,不能扬尘污染环境。

怎样才能使隔墙板安装牢固？

隔墙板安装不牢固的主要原因是安装固定方法不符合设计要求,或者连接材料质量差。墙板与顶板连接可通过"几"形钢板卡与顶板固定牢固,钢板卡用射钉与顶板固定,钢板卡厚度不小于

1 mm,钢板卡应做防腐处理。墙板与地面的连接方法一般是采用刚性连接,是在做地面面层以前安装,每块墙板安装找正后用木楔临时固定,进一步调整垂直度和平整度后用细石混凝土填塞缝隙,待细石混凝土达到一定强度后,取出木楔再用细石混凝土将木楔孔填塞密实。做完面层后将墙板嵌固比较牢靠。墙板与墙板之间或墙板与墙、柱之间用专用腻子黏结牢固。

怎样才能使墙板连接符合要求?

墙板连接处开裂主要是因为操作不当造成的。在对缝隙的处理一定要仔细认真,采用专用配套腻子分层填塞,并贴玻璃纤维网格布一层。

怎样才能使墙板垂直度、平整度符合设计要求?

墙板垂直度、平整度不符合设计要求主要原因是操作不认真或者墙板本身制作质量差。安装墙板时,要认真调整其垂直度和平整度,经自检合格方能固定;若是墙板本身质量差有翘曲变形现象,使其垂直度或平整度达不到要求,应更换墙板使其达到要求。

怎样才能使墙板与钢木门连接符合要求?

墙板与钢木门连接不牢主要原因是安装方法不符合设计要求,在墙板制作前,应根据门的品种及连接方法,设置相应的埋件或木砖,以确保门的安装方便牢固。

怎样才能保障骨架隔墙的质量要求?

(1)骨架隔墙所用龙骨、配件、墙板、填充材料及嵌缝材料的品种、规格、性能应符合设计要求。

(2)木材的含水率应符合设计要求。

(3)有隔声、隔热、防潮等特殊要求的工程,材料应有性能检测报告。

(4)骨架隔墙工程边框龙骨必须与基体结构连接牢固。

(5)骨架隔墙中龙骨间距和连接方法应符合设计要求。

(6)骨架内设备管线的安装、门窗洞口等部位加强龙骨应安装牢固、位置正确,填充材料的设置应符合设计要求。

(7)木龙骨及木墙面板的防火、防腐处理必须符合设计要求。

(8)骨架隔墙的墙面板应安装牢固,无脱层、翘曲、折裂及缺损。

(9)墙板所用接缝材料的质量和接缝方法应符合设计要求。

(10)骨架隔墙上的孔洞、槽盒、位置应正确、套割吻合、边缘整齐。

(11)骨架隔墙表面应平整、光滑、色泽一致、洁净、无裂缝、接缝均匀顺直。

(12)骨架隔墙内的填充材料应干燥、填充密实、均匀、无下坠。

怎样才能保障陶粒空心板隔墙的质量要求?

(1)检查安装板材隔墙前应检查所需预埋件,连接件的位置、数量及连接方法是否符合设计要求。

(2)隔墙板材安装必须牢固,现制钢丝水泥隔墙与周边墙体的连接方法应符合设计要求,并应连接牢固。

(3)隔墙板材所用接缝材料的品种及接缝方法应符合设计要求。

(4)隔墙上的孔洞、槽、盒应位置正确,套割方正、边缘整齐。

(5)隔墙板材安装应垂直、平整、位置正确,板材不应有裂缝或缺损。

(6)板材隔墙与顶棚和其他墙体的连接处应采取防开裂措施。

(7)板材隔墙表面应平整光滑、色泽一致、洁净,接缝均匀、顺直。

怎样才能保障活动隔墙的质量要求？

(1)检查活动隔墙所用墙板、配件等材料的品种、性能和木材的含水率是否符合设计要求。有阻燃、防潮等要求的工程,材料应有相应性能等级的检测报告。

(2)活动隔墙轨道必须与结构连接牢固,位置要正确。

(3)用于活动隔墙组装、推拉和制动的构配件必须安装牢固、位置正确。

(4)活动隔墙的制作方法、组合方式。

(5)活动隔墙表面是否色泽一致、平整光滑、洁净。

(6)活动隔墙上的孔洞、槽、盒位置是否正确,套割是否吻合,边缘是否整齐。

怎样才能保障玻璃隔墙的质量要求？

(1)玻璃板隔墙的安装方法应满足设计要求,玻璃板隔墙应使用安全玻璃。

(2)玻璃隔墙工程所用材料的品种、规格、性能、图案和颜色应符合设计要求。

(3)玻璃板隔墙的安装必须牢固,玻璃板隔墙胶垫的安装应正确。

怎样才能保障骨架隔墙的施工安全？

(1)施工时要保证骨架的固定间距、位置和连接方法应符合设计和规范要求,防止因节点构造不合理造成骨架变形。

(2)安装罩面板前要检查龙骨的平整度,挑选厚度一致的石膏板,避免罩面板不平。

(3)门窗口排板应用刀把形板材安装,防止门窗口上角出现裂缝。

(4)板缝开裂:轻钢骨架隔墙施工时应选择合理的节点构造和材质好的石膏板。嵌缝腻子选用变形小的原料配制,操作时认真清理缝内杂物,腻子填塞适当,接缝带粘贴后放置一段时间,待水份蒸发后,再刮腻子将接缝带压住,并把接缝板面找平,防止板缝开裂。

(5)轻钢龙骨隔墙与顶棚及其他墙体的交接处应采取防开裂措施。

隔墙周边应留3 mm的空隙,做打胶或柔性材料填塞处理,可避免因温度和湿度影响造成墙边变形裂缝。

(6)超长的墙体(超过12 m)受温度和湿度的影响比较大,应按照设计要求设置变形缝,防止墙体变形和裂缝。

怎样才能保障活动隔墙的施工安全?

(1)导轨安装时应水平、顺直,无倾斜、扭曲变形。所用五金配件应坚固灵活,防止隔墙推拉不灵活。

(2)活动隔墙安装过程中,应与墙、顶、地面层施工密切配合,采取构造做法和固定方法,防止轨道与周围装饰面层间产生裂缝。

(3)严格控制制作隔墙的木料含水率不大于12%,并在存放、安装过程中妥善管理,防止隔墙翘曲变形。

(4)活动隔墙与结构连接的预埋件、木框、钢框、型钢骨架、金属连接件应作防腐处理。木骨架、木框等应作防火、防腐处理。使用的防腐剂和防火剂应符合相关规定的要求。

(5)镶板表面应平整,边缘整齐,不应有污垢、翘曲、起皮、色差和图案不完整的缺陷。

怎样才能保障玻璃隔墙的施工安全?

(1)弹线定位时应检查房间的方正、墙面的垂直度、地面的平整度及标高。玻璃板隔墙的节点做法应充分考虑墙面、吊顶、地面的饰面做法和厚度,以保证玻璃板隔墙安装后的观感质量和方正。

（2）框架安装前，应检查交界周边结构的垂直度和平整度，偏差较大时，应进行修补。框架应与结构连接牢固，四周与墙体接缝用发泡胶或其做弹性密封材料填充密实，确保不透气。

（3）采用吊挂式安装时，应对夹具逐个进行反复检查和调整，确保每个夹具的压持力一致，避免夹具松滑、玻璃倾斜，造成吊挂玻璃缝不一致。

（4）玻璃板隔墙打胶时，应由专业打胶人员进行操作，并严格要求，避免胶缝宽度不一致、不平滑。

（5）玻璃加工前，应按现场量测的实际尺寸，考虑留缝、安装及加垫等因素的影响后，计算出玻璃的尺寸。安装时检查每块玻璃的尺寸和玻璃边的直线度，边缘不直时，先磨边修整后再安装，安装过程中应将各块玻璃缝隙调整为一样宽，避免玻璃之间缝隙不一致。

第四章

饰面板（砖）工程施工安全

怎样才能保障饰面板(砖)工程施工的基本安全？

(1)外墙贴面砖施工前先要由专业架子工搭设装修用外脚手架,经验收合格后才能使用。

(2)操作人员进入施工现场必须戴好安全帽,系好风紧扣。

(3)高空作业必须佩戴安全带,上架子作业前必须检查脚手板搭放是否安全可靠,确认无误后方可上架进行作业。

(4)上架工作,禁止穿硬底鞋、拖鞋、高跟鞋,且架子上的人不得集中在一块,严禁从上往下抛掷杂物。

(5)脚手架的操作面上不可堆积过量的面砖和砂浆。

(6)施工现场临时用电线路必须按临时用电规范布设,严禁乱接乱拉,远距离电缆线不得随地乱拉,必须架空固定。

(7)小型电动工具,必须安装"漏电保护"装置,使用时应经试运转合格后方可操作。

(8)电器设备应有接地、接零保护,现场维护电工应持证上岗,非维护电工不得乱接电源。

(9)电源、电压须与电动机具的铭牌电压相符,电动机具移动应先断电后移动,下班使用完毕必须拉闸断电。

(10)施工时必须按施工现场职业健康安全技术交底施工。

(11)施工现场严禁扬尘作业,清理打扫时必须洒少量水湿润后方可打扫,并注意对成品的保护,废料及垃圾必须及时清理干净,装袋运至指定堆放地点,堆放垃圾处必须进行围挡。

(12)切割石材的临时用水,必须有完善的污水排放措施。

(13)用滑轮和绳索提拉水泥砂浆时,滑轮一定要固定好,绳索要结实可靠,防止绳索断裂坠物伤人。

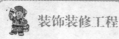

（14）对施工中噪声大的机具，尽量安排在白天及夜晚 22 点前操作，严禁噪声扰民。

（15）雨后、春暖解冻时，应及时检查外架子，防止沉陷而出现险情。

怎样才能保障外墙饰面砖施工的安全？

（1）施工中使用的电动工具及电气设备，均应符合国家现行标准《施工现场临时用电安全技术规范》(JGJ 46—2005)的规定。

（2）脚手架的搭设、拆除、施工过程中的翻板，必须由持证专业人员操作。并应符合现行地方标准《北京市建筑工程施工安全操作规程》(DBJ 01—62—2008)的规定。脚手架搭设应牢固，经验收合格后才能使用。高层建筑外脚手架应编制施工方案，并应有受力计算。脚手架搭设、活动脚手架固定均应符合安全标准。脚手架上堆料应码放整齐，不得集中堆放，操作人员不得集中作业，物料工具要放置稳定，防止物体坠落伤人。放置物料重量不得超过脚手架的规定荷载。脚手板应固定牢固，不得有探头板。外脚手架必须满挂安全网，各操作层应设防护栏。出入口应搭设护头棚。

（3）施工中使用的各种工具（高梯、条凳等）、机具应符合相关规定要求，利于操作，确保安全。

（4）电、气焊等特殊工种作业人员应持证上岗，配备劳动保护用品。并严格执行用火管理制度，预防火灾隐患。

（5）大风、大雨等恶劣天气时，不得进行室外作业。

（6）清理落地灰和碎砖时，严禁从架子上往下抛撒。

（7）进入施工现场应戴安全帽，高空作业时应系安全带。

（8）使用手持电动工具时应戴绝缘手套，并配有漏电保护装置。夜间施工时移动照明应采用 36 V 低压设备，电源线必须使用橡胶护套电缆。

（9）使用专用黏结材料粘贴面砖时，作业人员应戴橡胶手套，防止黏结材料腐蚀、烧伤皮肤。切割面砖时，操作人员应佩戴护目镜、口罩。

怎样才能保障内墙饰面砖施工的安全？

（1）室内装饰高处作业

1）移动式操作平台应按相应规范进行设计，台面满铺木板，四周按临边作业要求设防护栏杆、并安登高爬梯。

2）凳上操作时，单凳只准站一人、双凳搭跳板，两凳间距不超过2 m，准站二人，脚手板上不准放灰桶。

3）梯子不得缺档，不得垫高，横档间距以 30 cm 为宜，梯子底部绑防滑垫；人字梯两梯夹角 60°为宜，两梯间要拉牢。

（2）机电设备

1）电器机具必须专人负责，电动机必须有安全可靠的接地装置，电器机具必须设置安全防护装置。

2）电动机具应定期检验、保养。

3）现场临时用电线，不允许架设在钢管脚手上。

怎样才能保障干挂石材墙面施工的安全？

装饰块料饰面工程，主要是在室内高凳和室外脚手架上进行，垂直运输一般采用井架或吊篮，施工中要采用机电设备。因此安全技术应侧重注意如下方面。

（1）脚手架

1）脚手架必须按有关要求搭设牢固，跳板不得有腐朽和探头板。操作前按有关操作规程检查，凡不符合安全要求之处，应及时修理改正，经检查鉴定合格后，方能进行操作。

2）距地面 3 m 以上的作业面外侧，必须绑两道牢固的防护栏，并设 18 cm 高的挡脚板或绑扎防护网，以防物料从平台缝隙或栏杆底部漏下；利用挑出脚手架时，必须设 1 m 高防护栏杆。

3）在多层脚手架上作业时，尽量避免在同一垂直线上工作；如需立体交叉同时作业时，应有防护措施。

4）脚手板（跳板）严格搭设在门窗上、暖气片上、水暖等管道上。

（2）室内装饰高处作业

1）移动式操作平台应按相应规范进行设计，台面满铺木板，四周按临边作业要求设防护栏杆、并安登高爬梯。

2）凳上操作时，单凳只准站一人、双凳搭跳板，两凳间距不超过2 m，准站二人，脚手板上不准放灰桶。

3）梯子不得缺档，不得垫高，横档间距以 30 cm 为宜，梯子底部绑防滑垫；人字梯两梯夹角 60°为宜，两梯间要拉牢。

（3）垂直运输

1）垂直运输工具如吊篮、外用电梯等，必须在安装后经有关部门检查鉴定合格后才能启用。垂直运输机械必须有防雷接地装置。

2）超过 4 m 高的建筑必须搭设马道，严禁乘坐吊篮等不允许载人的垂直运输机具上下。

3）吊篮搭设有必要的安全装置，吊篮的卷扬机操作处必须搭安全顶棚，并有良好的视角。

（4）机电设备

1）电器机具必须专人负责，电动机必须有安全可靠的接地装置，电器机具必须设置安全防护装置。

2）电动机具应定期检验、保养。

3）现场临时用电线，不允许架设在钢管脚手架上。

（5）施工现场

1）进入现场必须戴安全帽，高空作业必须系安全带；二层以上外脚手处必须设置安全网。

2）交叉作业通道应搭设护棚。洞口、电梯井、楼梯间未安栏杆处等危险口，必须设置盖板、围栏、安全网等。

3）夜间现场必须有足够照明灯；洗灰池、蓄水池等必须设有栏杆。

（6）其他应注意的事项

1）有毒的外加剂、胶黏剂、工业用盐等应在包装上标明标志或专设标志标明；应专人管理，设立收发手续，严防中毒。

2）作业时，不得从高处往下乱扔东西，脚手架上不得集中堆放材料；操作工具应搁置稳当，以防坠下伤人。

3）室内作业使用的火源，应派专人管理，防止火灾；在火源周围必须设置消防设施。

4）雨后、春暖解冻时，应检查外架子，防止沉陷出现险情。

怎样才能保障外墙饰面砖施工质量要求？

（1）施工前认真挑选饰面砖，剔出有缺陷的饰面砖。同一面墙上应用同一尺寸饰面砖，以做到接缝均匀一致。

（2）基层必须清理干净，表面修补平整，墙面洒水湿透。

（3）粘贴前做好规矩，用饰面砖贴灰饼，划出标准，阳角处要两面抹直。

（4）饰面砖使用前，必须用水浸泡不少于 2 h，取出晾干，方可粘贴。

（5）饰面砖黏结砂浆过厚或过薄均易产生空鼓，厚度一般控制在 7～10 mm。必要时掺入水泥质量 3％的 108 胶，提高黏结砂浆的和易性和保水性；粘贴饰面砖时用灰匙木柄轻轻敲击砖面，使其与底层黏结密实牢固，黏结不密实时，应取下重贴。冬期施工时，应做好防冻保温措施，以确保砂浆不受冻。

（6）每贴好一行饰面砖，应及时用靠尺板横、竖向靠直，偏差处用灰匙木柄轻轻敲平，及时校正横、竖缝平直。

（7）勾缝或擦缝后，应及时用破布或棉纱擦净面砖表面砂浆、涂料等。

（8）陶瓷锦砖进场后应开箱检查，会同监理方进行质量和数量验收。

（9）陶瓷锦砖施工必须排版，并绘制施工大样图。按图选好砖，裁好分格缝陶瓷锦砖条，编上号，便于粘贴时对号入座。

（10）按施工大样图，对窗间墙、墙垛等处先测好中心线，水平线和阴阳角垂直线，贴好灰饼。防止窗口、窗台、腰线、墙垛、阳台等部位发生分格缝不匀或阴阳角不够整片等现象。

（11）镶贴水泥砂浆中，应掺入水泥质量 3％～5％的 108 胶，以改善砂浆和易性和保水性延缓凝固时间，增加黏结强度，便于操作。

（12）粘贴窗上口滴水线时，不得妨碍窗扇的启闭，窗台板必须

低于窗框,便于排水。

(13)分格条的大缝应用1:1水泥细砂浆勾缝。

(14)用10%稀盐酸溶液清洗饰面后,应随即用清水将盐酸溶液冲洗干净,使表面洁净发亮。

(15)防震缝、伸缩缝、沉降缝等部位的饰面应按设计规定处理。

怎样才能保障干挂石材墙面质量要求?

(1)首先要对要安装的石材进行仔细检查,石材的编号和尺寸必须准确,石材四边不应有较大崩边掉角。

(2)如设计有刷石材防水防护剂时,应先将右材饰面表面用干布擦净灰尘,按纵横向各刷石材防水防护剂各一遍。

(3)石材安装顺序一般由下向上逐层施工。石材墙面宜先安装主墙面,门窗洞口则宜先安装侧边短板,以免操作困难。

(4)墙面第一层石材施工时,下面应用铝方通或厚木板作临时支托。

(5)将石材支放平稳后,用手持电动无齿磨切机开切安装槽口,开切槽口后石材净厚度不得小于6 mm。槽口不宜开切过长过深,以能配合安装不锈钢干挂件为宜。开槽时尽量干法施工,并要用压缩空气将槽内粉尘吹净。如石材硬度过大,开槽时必须用水冷却时,开槽后应将槽口烘烤干燥和清理干净,以免胶黏剂与石材不能很好粘接牢固。

(6)在干挂槽口内满注石材胶黏剂,安放就位后调节不锈钢干挂件固定螺栓,并用拉通线、铝方通和吊锤调平调直,调试平直后用小木楔和卡具临时固定。

(7)按上述方法顺一个方向顺序安装同层板材。

(8)在墙面上有电气插座、电梯显示器等设备孔洞时,要仔细量好尺寸,精心切割孔洞,面板安装后不能见到石材切口缝隙。

(9)石材墙面上的细小缝隙,一般工程可用云石胶拌石粉进行修补(个体工程有特殊要求时,可另行说明),补缝时在缝边要贴美纹纸保护。

（10）石材墙面由于石材加工允许有平整度误差，墙面接缝不可能完全平整，所以设计上要避免石材尺寸过长过高。施工要达到满足国家验收标准的要求。要防止只用手持电动磨光机修理，以免影响石材墙面的光滑度。有特殊要求的工程应相应提高石材的加工标准。

（11）对石材圆柱柱脚较厚较重的石材，安装时要用硬物作好支垫，安装完成后，立即用细石混凝土做好垫层，以防上层石材安装后产生沉降或变形。

（12）安装石材圆柱时应注意将拼缝与设计轴线对齐或对中。

（13）安装石材墙、柱面时脚手架必须安全牢固，脚手板要考虑临时放置石材的重量。安装上层石材时要在接触面上放置木垫板，防止石材碰撞发生崩边掉角。

（14）石材在搬运过程中尽量采用帆布带吊运（不宜用棕绳），对重量较大的圆柱弧形板等材料，最好用简易机械设备吊运。

（15）施工人员的手上应没有油污和余胶，以免污染石材表面，尤其在施工砂岩和烧毛花岗石时，更应格外注意。最好能在此类石材表面刷石材防水防护剂二遍。

怎样才能保障石材板湿挂安装质量要求？

（1）安装前应对石材板进行严格挑选，认真在光亮处进行试拼并编号。施工中严格按线、按编号安装，并注意调整安装方向，确保板与板之间上、下、左、右纹理通顺，颜色协调一致。

（2）灌浆时应严格控制砂浆稠度，稠度过大，砂浆流动性不好，易造成灌浆不实；稠度过小，易形成板缝漏浆，致使水分蒸发后砂浆内产生空隙而造成空鼓；清理临时固定石膏时，剔凿要轻，不得用力过大；灌浆后应及时养护，避免脱水，以防止石材面层空鼓。

（3）施工时严格按工艺要求操作，分次灌浆，不得一次灌得过高，操作时不得磕碰石板和临时固定石膏、木楔子。灌浆在凝结前，应防止风干、暴晒、水冲、撞击和振动，避免发生板面位移或错动，出现接缝不平、不直，板面高低差过大等问题。

（4）施工中应根据不同镶贴部位选择石材。质地、色调相对差或层理较多的板块，应剔除不用或用于不明显处，避免影响观感效果。

（5）镶贴墙、柱面时，应待承重结构沉降稳定后进行，并应在顶部和底部留出适当空隙或在板块之间留出一定缝隙。避免因结构沉降变形，饰面石板承重而造成折断、开裂。

（6）石材运输、保管过程中，浅色石材不宜用草绳、草帘等捆扎，以免遇水或雨淋后污染变色。搬运过程中应避免磕碰划伤损坏石材边楞和表面，尤其要防止酸碱类化学物品及有色液体等溅洒到石材表面上，一旦被污染，应及时擦洗干净。安装过程中临时固定浅色石材的石膏浆内应掺白水泥，并尽量避免砂浆污染石材，砂浆弄到石材上后应及时擦净。安装完后应做好成品保护，做成品保护时不宜使用带色粘贴纸来保护表面，以免污染板面。

（7）室外大面积镶贴石材饰面板，必须设置变形缝拉开板缝不得密缝镶贴，防止由于热胀冷缩造成块材脱落。阳光直接照身面宜采用干挂法施工，这样既能保持石材饰面板的清晰美观，又不会因温度变化而使石材饰面板脱落。

（8）石材背面的防护剂涂刷应均匀，不得漏刷，防止灌浆后表面泛碱。

怎样才能避免外墙饰面砖施工出现质量问题？

（1）饰面砖镶贴时环境温度不得低于 5 ℃，且砂浆的使用温度不应低于 5 ℃，以免砂浆受冻造成空鼓、脱落等质量问题。

（2）找平层、结合层、黏结层、勾缝材料、矿物辅料等的施工配合比确定后，施工中要严格执行；找平层、结合层、黏结层各层施工要拉开时间间隔，养护要及时，且严禁在同一施工面上采用几种不同的配合比，以免造成色差及其他质量事故；饰面砖黏结层要饱满，勾缝必须严密，以免渗水造成空鼓、脱落；勾缝用水泥、砂子、矿物辅料按要求提前统一备足，避免产生颜色不一致的问题。

（3）加强对基层打底工作的检查，根据结构尺寸的偏差，认真分层修抹好基层，保证基层平整度，以免造成墙面不平。

（4）施工前认真选砖，剔除规格尺寸偏差超标的饰面砖，贴砖时严格按照排砖图进行粘贴并根据结构的实际情况及时进行调整。分段分块弹线要细致，以免出现砖缝不匀、不直的通病。

（5）砖缝处理完毕后要及时擦净饰面砖表面，以免砂浆或其他污物渗入砖内，难以清除。

怎样才能避免内墙饰面砖施工出现质量问题？

（1）空鼓、脱落的主要原因。

1）因冬季气温低，砂浆受冻，春天化冻后陶瓷锦砖背面比较光滑容易发生脱落。因此在进行镶贴陶瓷锦砖操作时应保持室内环境温度在 5 ℃以上，当必须在低于 5 ℃的温度下施工时，应有保证工程质量的有效措施。

2）基层表面偏差较大，基层处理或施工不当，如每层抹灰时间间隔过短，没有浇水养护，各层之间的黏结强度差，面层就容易产生空鼓、脱落。

3）砂浆配合比不准，稠度控制不好，砂子含泥过大，易产生干缩、空鼓。应严格按照工艺标准操作，认真检查原材料，严格按照配合比施工。

4）砂浆不饱满，粘贴时未用木锤或橡皮锤锤实。

（2）墙面不平整、砖缝不匀：是施工时对基层处理不够认真，抹灰控制点少，造成墙面不平整。弹线、选砖、排砖不细，面砖的规格尺寸不一致，操作不当等造成砖缝不匀。应把选好相同尺寸的面砖镶贴在同一面墙上。

（3）阴阳角不方正：主要是打底子灰时不按规矩去吊直、套方找规矩所致。

（4）墙面污染：主要是勾完缝后砂浆没有及时擦净或由于其他工种和工序造成墙面污染等。可用棉纱蘸清洗剂刷洗，注意控制清洗剂浓度，最后用清水冲净。

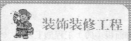

怎样才能避免干挂石材墙面施工出现质量问题？

(1)石材进场应严格按合同和质量标准进行验收。安装前应试拼，搭配颜色，调整花纹，使板与板之间上下左右纹理通顺，颜色协调，板缝顺直均匀，并逐块编号，然后对号入座进行安装。避免出现石材饰面板表面色差较大问题。

(2)施工中应注意：门、窗口的周边、凹凸变化的节点处、不同材料的交接处、伸缩缝、披水坡、窗台、挑檐以及石材与墙面交接处，应严格按设计要求进行处理。设计无要求时，也应按工艺要求做防止雨水灌入的处理，并认真进行检验验收。将缝隙封闭严密，以防出现渗漏、污染石材，影响施工质量和观感效果。

(3)应注意所使用的各种胶和石材的相容性，并选用优质胶。石材板块的接缝处，嵌缝应严密，有裂缝、缺棱掉角等缺陷的石材应剔除不用。防止腐蚀性气体和湿气浸入，引起紧固件锈蚀，板面污染、裂缝等现象。

(4)表面清理应自上而下，认真清洗，尤其是胶痕、污渍应用中性清洗剂清洗，避免出现墙面发花、斜视有胶痕等问题。

怎样才能避免石材板湿挂安装出现质量问题？

(1)接缝不平，高低差过大：主要是基层处理不好，对板材质量没有严格挑选，安装前试拼不认真，施工操作不当，分层灌浆一次过高等，容易造成石板外移或板面错动，出现接缝不平、高低差过大。

(2)空鼓：主要是灌浆不饱满密实所致。如灌浆稠度小，使砂浆不能流动或因钢筋网阻挡造成该处不实而空鼓；如砂浆过稀也容易造成漏浆，或由于水分蒸发形成空隙而空鼓。此外，最后清理石膏时，剔凿用力过大使板材振动空鼓；缺乏养护，脱水过早也会产生空鼓。

(3)开裂：有的大理石石质较差，色纹多，当镶贴部位不当，墙面上下空隙留得较小，常受到各种外力影响，出现在色纹暗缝或其他隐伤等处，产生不规则的裂缝。镶贴墙面、柱面时，上下空隙较小，结构受压变形，使饰面石板受到垂直方向的压力而开裂。施工时应待墙、柱面等黏结构沉降稳定后进行，尤其在顶部和底部，安装板块时，应留有一定的缝隙，以防结构压缩、饰面石板直接承重被压开裂。

(4)墙面碰损、污染：主要是由于块材在搬运和操作中被砂浆等脏物污染，不及时清洗，或安装后成品保护不好所致。应随手擦净，以免时间过长污染板面，此时，还应防止酸碱类化学物品、有色液体等直接接触石材表面造成污染。

(5)灌注砂浆的温度不应低于 5 ℃，灌注砂浆硬化初期不得受冻。冬期施工室内环境温度不应低于 5 ℃，气温低于 5 ℃时，灌注砂浆可掺入外加剂，外加剂应符合国家现行产品标准的规定，其掺量应由试验确定。

(6)夏季烈日或高温天气墙面安装大理石或磨光花岗石，灌注时应有防止曝晒的可靠措施。

(7)高处作业应符合《建筑施工高处作业安全技术规范》(JGJ 80—1991)的相关规定；脚手架搭设应符合有关规范要求。现场用电应符合《施工现场临时用电安全技术规范》(JGJ 46—2005)的相关规定。

第五章

油漆工程施工安全

怎样才能保障涂饰工程施工的基本安全?

(1)高度作业超过2 m应按规定搭设脚手架。施工前要进行检查是否牢固。

(2)油漆施工前应集中工人进行职业健康安全教育,并进行书面交底。

(3)施工现场严禁设油漆材料仓库,场外的油漆仓库应有足够的消防设施,且设有严禁烟火标语。

(4)墙面刷涂料当高度超过1.5 m时,要搭设马凳或操作平台。

(5)涂刷作业时操作工人应佩戴相应的保护设施。如防毒面具、口罩、手套等,以免危害工人的肺、皮肤等。

(6)严禁在民用建筑工程室内用有机溶剂清洗施工用具。

(7)油漆使用后,应及时封闭存放,废料应及时清出室内,施工时室内应保持良好通风,但不宜有过堂风。

(8)民用建筑工程室内装修中,进行饰面人造木板拼接施工时,除芯板为A类外,应对其断面及无饰面部位进行密封处理(如采用环保胶类泥子等)。

(9)遇有上下立体交叉作业时,作业人员不得在同一垂直方向上操作。

(10)油漆窗子时,严禁站或骑在窗槛上操作,以防槛断人落。刷外开窗扇漆时,应将安全带挂在牢靠的地方。刷封檐板时应利用外装修架或搭设挑架进行。

(11)现场清扫设专人洒水,不得有扬尘污染。打磨粉尘用潮布擦净。

(12)涂刷作业过程中,操作人员如感头痛、恶心、心闷或心悸

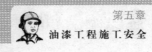

第五章
油漆工程施工安全

时,应立即停止作业到户外换取新鲜空气。

(13)每天收工后应尽量不剩油漆材料,剩余油漆不准乱倒,应收集后集中处理。废弃物(如废油桶、油刷、棉纱等)按环保要求分类消纳。

怎样才能保障木材面清色油漆施工的安全?

(1)严禁在油漆施工现场吸烟和使用明火。

(2)作业高度超过2 m时应搭设脚手架,施工使用的人字梯、高凳、架子等应符合规定,确保安全,方便操作。

(3)施工现场应保持适当通风,狭窄隐蔽的工作面应安置通风设备。施工时,喷涂操作人员如感到头疼、心悸、恶心时,应立即停止作业到户外呼吸新鲜空气。

(4)采用喷涂作业方法时,应配备口罩、工作帽、防护手套、护目镜、呼吸保护器等防护设施。

(5)施工现场应设置涂料库,做到封闭、干燥、通风且远离火源。并配备灭火器材,采取防静电措施。

(6)油性涂料、稀释剂等易燃物品应盛入有盖专用容器内,并盖严或拧紧桶盖,不得存放在无盖或敞口容器内。

(7)喷涂时,如发现喷枪出漆不匀,严禁对着人检查。一般应在施工前用水代替进行检查,无问题后再正式喷涂。

怎样才能保障木材面清漆磨退施工的安全?

(1)严禁在油漆施工现场吸烟和使用明火。

(2)作业高度超过2 m时应搭设脚手架,施工中使用的人字梯、条凳等应合相关规定,确保安全,方便操作。

(3)施工现场应保持适当通风,狭窄隐蔽的工作面应安置通风设备。施工时,操作人员如感到头疼、心悸、恶心时,应立即停止作业到户外呼吸新鲜空气。

(4)调配油漆时,操作人员应戴口罩、手套、护目镜等防护用品。

33

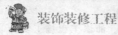

(5)现场应设置涂料库,做到封闭、干燥、通风、远离火源,并配有消防器材,采取防静电措施。

(6)油性涂料、稀释剂等易燃材料应盛入有盖的专用容器内,并盖严或拧紧,不得放在敞口无盖或塑料容器内。

怎样才能保障金属面混色油漆施工的安全?

(1)严禁在油漆施工现场吸烟和使用明火。

(2)作业高度超过 2 m 时应搭设脚手架,施工中使用的人字梯、高凳、架子等应符合相关规定要求,确保安全、方便操作。

(3)施工现场应保持适当通风,狭窄隐蔽的工作面应安置通风设备。施工时,喷涂操作人员如感到头疼、心悸、恶心时,应立即停止作业到户外呼吸新鲜空气。

(4)采用喷涂作业方法时,操作人员应戴口罩、工作帽、防护手套、护目镜、呼吸保护器等防护设施。

(5)涂刷外窗涂料时,严禁站或骑在窗槛上操作,应将安全带挂在牢靠的地方。

(6)现场应设置油漆材料库房,做到封闭、干燥、阴凉、通风、远离火源。库房内应设有灭火器材并采取防静电措施。

(7)油漆、稀释剂等易燃物品应盛入有盖容器内,并盖严拧紧,不得存放在无盖或敞口容器内。

(8)喷涂时,如发现喷枪出漆不匀,严禁对着人检查。一般应在施工前用水代替进行检查,无问题后再正式喷涂。

怎样才能保障混凝土及抹灰面刷乳胶漆施工的安全?

(1)作业高度超过 2 m 时应按规定搭设脚手架,施工中使用的人字梯、条凳、架子等应符合规定要求,确保安全、方便操作。

(2)施工现场应保持适当通风,狭窄隐蔽的工作面应安置通风设备。施工时,喷涂操作人员如感到头疼、心悸、恶心时,应立即停止作业,到户外呼吸新鲜空气。

（3）夜间施工时，移动照明应采用 36 V 低压设备。

（4）采用喷涂作业方法时，操作人员应配备口罩、护目镜、手套、呼吸保护器等防护设施。

（5）现场应设置涂料库，做到干燥、通风。

（6）喷涂时，如发现喷枪出漆不匀，严禁对着人检查。一般应在施工前用水代替进行检查，无问题后再正式喷涂。

怎样才能保障木材面清色油漆的质量要求？

（1）施工现场应保持清洁、通风良好，不得尘土飞扬。涂料使用前应过滤，不得含有杂质。涂料作业中打磨应仔细，做到平整光滑，避免造成涂料表面粗糙。

（2）调配涂料时，应注意产品的配套性，控制涂料浓度，不得过稀或过稠，填加固化剂和稀释剂的比例应适当，刷（喷）油漆时，每道不宜太厚太重，应严格掌握时间间隔。喷涂时应控制好喷枪压力和喷涂距离。避免造成橘皮、流坠、裹棱等现象。

（3）批刮腻子时，动作要快，收净刮光，不留"野腻子"。对于油性腻子，不宜过多往复批刮，防止腻子中油分挤出不易于透，造成漆膜皱皮。

（4）涂刷作业时，应先将门窗的上下冒头、靠合页的小面和饰面压条的端部涂刷到位，防止木工安装完后油工无法作业，造成漏刷。

（5）涂刷油漆时，宜用羊毛板刷，不宜用棕刷，油漆不应太稠，避免出现明显刷纹。

（6）雨期施工应控制作业现场的空气湿度，可用湿度计进行检测。当空气湿度过大时，应在油漆中加入催干剂，避免涂料完工后出现漆膜泛白。

怎样才能保障木材面清漆磨退的质量要求？

（1）施工前除应了解油漆的型号、品名、性能、用途及出厂日期外，还必须清楚所用油漆与基层表面以及各涂层之间的配套性，严格按产品使用说明要求配套使用。

（2）调配油漆时，不同性质的油漆切忌互相配兑，防止油漆产生离析、沉淀、浮色，造成材料报废。

（3）基层清理要干净，油漆应过笟滤去杂质，严禁刷油时清扫现场或刮大风时刷油，防止油漆表面出现粗糙现象。

（4）批刮腻子动作要快，做到刮到、刮平，不留"野腻子"。快干腻子不宜过多往返批刮，以免出现卷皮、脱落或将腻子中的漆料油分挤出、封住表面不易干燥的现象。

（5）用合适的刷子，并把油刷用稀料泡软后使用，防止刷纹明显。

（6）在正式安装门窗前将上下冒头油漆刷好，以免装上后下冒头无法刷油而返工，避免发生门窗上下冒头等处"漏刷"的通病。

（7）涂刷油漆时应视基层状况和涂料类型确定涂刷遍数，防止涂层厚度太薄而露底，更要防止过厚引起流坠或起皱。

（8）当上遍油漆涂刷时间到 24 h，涂刷下遍油漆前必须轻磨表层，以增加附着力。

（9）磨水砂纸时用力要均匀，不得漏磨，尤其要防止阳角磨破和局部透底。

怎样才能保障金属面混色油漆的质量要求？

（1）所选用涂料和材料的品种、型号、性能应符合设计要求。

（2）涂料做法及颜色、光泽、图案等饰涂效果应符合设计及选定的样板要求。

（3）涂饰应均匀、黏结牢固，不得有漏刷、透底、起皮、反锈和斑迹。

（4）基层处理的质量应符合现行国家标准《建筑装饰装修工程质量验收规范》（GB 50210—2001）的规定。

（5）涂层与其他装修材料和设备衔接处应吻合，界面应清晰。

（6）涂刷前应将作业场所清扫干净，防止灰尘飞扬，影响油漆质量。

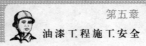

(7)涂刷作业前,做好对不同色调、不同界面及五金配件等的遮盖保护,以防油漆越界污染。

(8)涂刷门窗油漆时,应将门窗扇固定,防止门窗扇与框相合,粘坏漆膜。

(9)涂刷作业时,细部、五金件、不同颜色交界处要小心仔细,一旦出现越界污染,必须及时处理。

(10)涂刷完成后,应派专人负责看管或采取有效的保护措施,防止成品破坏。

怎样才能保障混凝土及抹灰面刷乳胶漆的质量要求?

(1)涂料的品种、型号和性能应符合设计要求。

(2)涂料的颜色、图案需符合设计要求。

(3)涂料的涂刷应均匀、黏结牢固,不得漏涂、透底、起皮和掉粉。

(4)基层处理应符合现行国家标准《建筑装饰装修工程质量验收规范》(GB 50210—2001)中相关的规定。

(5)涂层与其他装修材料和设备衔接处应吻合,界面应清晰。

(6)涂刷前清理好周围环境,防止尘土飞扬,影响涂饰质量。

(7)涂刷前,应对室内外门窗、玻璃、水暖管线、电气开关盒、插座和灯座及其他设备不刷浆的部位、已完成的墙或地面面层等处采取可靠遮盖保护措施,防止造成污染。

(8)为减少污染,应事先将门窗四周用排笔刷好后,再进行大面积施涂。

(9)移动涂料桶等施工工具时,严禁在地面上拖拉。拆架子或移动高凳应注意保护好已涂刷的墙面。

(10)漆膜干燥前,应防止尘土沾污和热气侵袭。

第六章

裱糊和软包工程施工安全

怎样才能保障裱糊与软包工程施工的基本安全?

(1)选择材料时,必须选择符合国家规定的材料。

(2)对软包面料及填塞料的阻燃性能严格把关,达不到防火要求时,不予使用。

(3)软包布附近尽量避免使用碘钨灯或其他高温照明设备,不得动用明火,避免损坏。

(4)材料应堆放整齐、平稳,并应注意防火。

(5)夜间临时用的移动照明灯,必须用安全电压。机械操作人员必须经培训持证上岗,现场一切机械设备,非操作人员一律禁止动用。

怎样才能保障裱糊工程施工的安全?

(1)凳上操作时,单凳只准站一人、双凳搭跳板,两凳间距不超过 2 m,准站二人。

(2)梯子不得缺档,不得垫高,横档间距以 30 cm 为宜,梯子底部绑防滑垫;人字梯两梯夹角 60°为宜,两梯间要拉牢。

怎样才能保障软包工程施工的安全?

(1)禁止穿硬底鞋、拖鞋和高跟鞋作业,工具应搁置妥当,防止坠落伤人。

(2)施工用电应安全措施。

(3)禁止在施工现场抽烟、焚烧垃圾等。

(4)采用高凳、架梯不允许垫高使用,下脚应绑麻布或垫胶皮,并加拉绳,防止滑溜。

(5)搭设脚手架,不得放在凳梯的最高一档。板两端搭接长度不少于 200 mm,不得有探头板。在一块脚手板上不得站两人同时操作。脚手板不允许搭在门窗、暖气片和水暖立管上。

(6)在超高的墙面裱糊时,逐层架木要牢固,并设防护栏等。

(7)用刀裁割壁纸(墙布)时,注意操作,防止裁刀伤手。

(8)施工现场临时用电均应符合国家现行标准《施工现场临时用电安全技术规范》(JGJ 46—2005)的规定。

(9)在较高处进行作业时,应使用高凳或架子,并应采取安全防护措施,高度超过 2 m 时,应系安全带。

(10)使用电锯应有防护罩。

(11)软包施工作业面,必须设置足够的照明。配备足够、有效的灭火器具,并设有防火标志及消防器具。

怎样才能保障裱糊工程的质量要求?

(1)壁纸、墙布的种类、规格、图案、颜色和燃烧性能等级必须符合设计要求及国家现行标准的有关规定。

(2)裱糊工程基层处理质量应符合一般要求的规定。

(3)裱糊后各幅拼接应横平竖直,拼接处花纹、图案应吻合,不离缝,不搭接,不显拼缝。

(4)壁纸、墙布应粘贴牢固,不得有漏贴、补贴、脱层、空鼓和翘边。

(5)裱糊后的壁纸、墙布表面应平整,色泽应一致,不得有波纹起伏、气泡、裂缝、皱折及斑污,斜视时应无胶痕。

(6)复合压花壁纸的压痕及发泡壁纸的发泡层应无损坏。

(7)壁纸、墙布与各种装饰线、设备线盒应交接严密。

(8)壁纸、墙布边缘应平直整齐,不得有纸毛、飞刺。

(9)壁纸、墙布阴角处搭接应顺光,阳角处应无接缝。

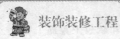

（10）裱糊壁纸时，室内相对湿度不能过高，一般低于 85％，同时，温度也不能有剧烈变化。

（11）在潮湿天气粘贴壁纸时，粘贴完后，白天应打开门窗，加强通风；夜间应关闭门窗，防止潮湿气体侵袭。

（12）采用搭接法拼贴，用刀时应一次直落，力量均匀不能停顿，以免出现刀痕搭口，同时也不能重复切割，避免搭口起丝影响美观。

（13）辅贴壁纸后，若发现有空鼓、气泡，可用斜刺放气，再用注射针挤进胶液，用刮板刮平压实。

（14）阳角处不允许留拼接缝，应包角压实；阴角拼缝宜在暗面处。

（15）基层应具有一定的吸水性。混合砂浆和纸筋灰罩面的基层，较为适宜壁纸裱糊，若用石膏罩面效果更好；水泥砂浆抹光面裱糊效果最差，因此壁纸裱糊前应将基层涂刷涂料，以提高裱糊效果。

怎样才能保障软包工程的质量要求？

（1）饰面施工、运输过程应注意保护，不得碰撞、刻划、污染。在墙面裱糊过程中，严禁非操作人员随意触摸成品。当饰面被污染或碰撞时，应及时擦洗干净。

（2）施工时应对已完成的装饰工程及水电设施等采取有效措施加以保护，防止损坏及污染。

（3）暖通、电气等作业时，应注意保护墙面，严禁污染、碰撞和损坏饰面。

（4）饰面四周还需施涂涂料等作业时，应贴纸或覆盖塑料薄膜，防止污染饰面。

（5）交通进出口，易被碰撞的部位，在饰面层完成后，应及时加以保护。

（6）已完工的饰面，不得堆放靠放物品，严禁上人蹬踩。

（7）已完工的房间，应及时清理干净，设专人负责管理，定期通风换气。

怎样才能避免软包工程施工常见的质量问题？

(1)软包墙面做法应符合设计和环保要求：软包工程涉及材料多，为保证软包工程环保检测合格，应严格按国家有关环境污染控制规定的要求，各种材料使用前应委托环境检测机构检测，并出具的有害物质（总发有机物 TVOC、游离甲醛、苯等）限量等级检测报告。

(2)软包墙面不垂直或不水平：相邻两卷材接缝不垂直或不水平，或卷材接缝虽垂直，但花纹不水平，故造成花饰不垂直等，因此在粘贴第一张卷材时，必须认真吊垂直线并注意对花和拼花，尤其是刚开始粘贴时必须注意，发现问题及早纠正。特别是采取预制镶嵌的软包工艺施工时更注意。

(3)墙面花饰不对称：有花饰的卷材粘贴后，由于两张卷材的正反面或阴阳面的花饰不对称，或者门窗口两边或室内对称的柱子，拼缝下宽狭不一，因而造成花饰不对称。预防办法是通过做不同房间的样板间，找出原因采取试拼的措施，解决花饰不对称的问题。

(4)离缝或亏料：相邻卷材间的接缝不严合，露出基底称为离缝；卷材的上口与挂镜线，下口与台度上口或踢脚线上口接缝不严，显露基底称为亏料。出现离缝的主要原因是卷材粘贴产生歪斜；上下口亏料的主要原因是裁卷材不方、下料过短或裁切不细、刀子不快等原因造成。

(5)墙面不洁净，斜视有胶痕：软包墙面不洁净，斜视有胶痕，产生的主要原因是操作时没有及时用湿毛巾将胶痕擦净，或者虽清擦但不彻底、不认真，另外是由于其他工序造成墙面污染等。

(6)面层颜色不一致、花形深浅不一：软包墙面颜色不一致、花形深浅不一产生的主要原因是卷材质量有差异，施工时又没有认真挑选，所以铺贴前应注意认真挑选花型及纸的颜色力求一致。

(7)软包墙面周边缝隙宽窄不一致：其产生的主要原因是拼装预制镶嵌过程中，由于安装不细、捻边时松紧不一或在套割底板时弧度不匀等造成，故应及时进行修整和加强检查验收工作。

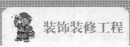

(8)软包墙面表面不饱满:软包墙面表面不饱满往往是基层墙面使用的胶黏剂腐蚀"海绵",造成"海绵"底部发硬厚度减薄。故软包墙面粘贴应采用不含腐蚀性的中性胶黏剂。

(9)软包墙面边框、贴脸及装饰边线宽窄不一、接茬不平、扒缝等:这些问题产生的主要原因是制作不细、套割不认真、拼装时钉子过稀、缺胶,以及木料含水率过大等原因造成。因此施工时应重视边框、贴脸及装饰边线的制装工作,如果把装饰线条做好,则会给整个精装修观感质量提高档次。

怎样才能避免裱糊工程施工常见的质量问题?

(1)壁纸粘贴不垂直或不水平:相邻两卷壁纸接缝不垂直或不水平,或卷材接缝虽垂直,但花纹不水平,故造成花饰不垂直等,因此在粘贴第一张壁纸时,必须认真吊垂直线并注意对花和拼花,尤其是刚开始粘贴时必须注意,发现问题及时纠正。

(2)壁纸花饰不对称:有花饰的壁纸粘贴后,由于两张卷材的正反面或阴阳面的花饰不对称,或者门窗口两边或室内对称的柱子,拼缝下料宽狭不一,因而造成花饰不对称。预防办法是通过做不同房间的样板间,找出原因采取试拼的措施,解决花饰不对称的问题。

当花饰拼接出现困难不好解决时,错茬应尽量放到不显眼的阴角处,保证大面不应出现错茬和花形混乱的现象。

(3)壁纸粘离缝或亏料:相邻壁纸间的接缝不严合,露出基底称为离缝;相邻壁纸的上口与挂镜线,下口与台度上口或踢脚线上口接缝不严,显露基底称为亏料。主要原因是卷材粘贴产生歪斜,故出现离缝;上下口亏料的主要原因是裁卷材不方、下料过短或裁切不细、刀子不快造成。

(4)边缘翘起:主要是接缝处胶刷的少,或局部没刷胶,或边缝没压实,干后出现翘边、翘缝等现象。发现后应及时刷胶辊压修补好。

(5)墙面不洁净,斜视有胶痕:主要是没及时用湿温毛巾将胶痕擦净,或虽清擦但不彻底不认真,或由于其他工序造成面纸污染等。

（6）壁纸、墙布表面不平，斜视有疙瘩：主要是基层墙面清理不彻底，或虽清理但没认真清扫，基层表面仍有积尘、腻子包、水泥斑痕、小砂粒、胶浆疙瘩等，故粘贴后会出现小疙瘩；或由于抹灰砂浆中含有未熟化的生石灰颗粒，也会将壁纸拱起小包。处理时应将表面切开取出污物，再重新刷胶粘贴好。

（7）壁纸有泡：主要是基层含水率大，抹灰层未干就铺贴壁纸，由于灰层被封闭，多余份出不来，气化就将壁纸拱起成泡。处理时可用注射器将泡刺破并注入胶液，用辊压实。

（8）阴阳角空鼓、阴角处有断裂：阳角处的粘贴大都采用整张纸，它要照顾到两个面、一个角，都要尺寸到位，表面平整、粘贴牢固，是有一定的难度，阴角比阳角稍好一点，但与抹灰基层质量有直接关系，主要是胶不漏刷赶压到位，是可以防止空鼓的。要防止阴角断裂，关键是阴角壁纸接茬必须超过阴角 1～2 cm，实际阴角处已形成了附加层，这样就不会由于时间长壁纸收缩，而造成阴角处壁纸断裂。

（9）面层颜色不一，花形深浅不一：主要是壁纸、墙布质量差，施工时没有认真挑选。铺贴前应注意挑选花型及纸的颜色力求一致。

（10）窗台板上下、窗帘盒上下等处铺巾毛糙，拼花不好，污染严重：主要是操作不认真。应加强工作责任心，要高标准、严要求，严格按工艺标准认真施工。

（11）对湿度较大房间和经常潮湿的墙体应采用具有防水性能的壁纸及胶黏剂，有酸性腐蚀的房间应采用防酸壁纸及胶黏剂。

（12）对于玻璃纤维布及无纺贴墙布，糊纸前不应浸泡，只用湿温毛巾涂擦后迭起备用即可。

第七章

细部工程施工安全

怎样才能保障细部工程施工的基本安全？

(1)施工现场严禁烟火,必须符合防火要求。

(2)施工时严禁用手攀窗框、窗扇和窗撑;操作时应系好安全带,严禁把安全带挂在窗撑上。

(3)操作时应注意对门窗玻璃的保护,以免发生意外。

(4)安装前应设置简易防护栏杆,防止施工时意外摔伤。

(5)安装后的橱柜必须牢固,确保使用安全。

(6)栏杆和扶手安装时应注意下面楼层的人员,适当时将梯井封好,以免坠物砸伤下面的作业人员。

怎样才能保障木护墙制作安装施工的安全？

(1)施工中使用的电动工具及电气设备,均应符合国家现行标准《施工现场临时用电安全技术规范》(JGJ 46—2005)的规定和现行地方标准《北京市建筑工程施工安全操作规程》(DBJ 01—62—2008)的规定。

(2)在施工现场需动用明火时,应开具用火证,并设专人看火、配制消防器材。严禁在施工现场及材料库房吸烟,防止各类火灾隐患。

(3)使用手持电动工具时应戴绝缘手套,并配有漏电保护装置。夜间施工时移动照明应使用 36 V 低压设备,电源线应使用橡胶护套软电缆。

(4)施工用机具设备应进行试运转和绝缘、接地、接零保护的测

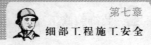

试后,方可使用。

怎样才能保障护栏、扶手制作施工的安全?

(1)施工中使用的电动工具及电气设备,均应符合国家现行标准《施工现场临时用电安全技术规范》(JGJ 46-2005)和现行地方标准《北京市建筑工程施工安全操作规程》(DBJ 01-62-2008)的规定。

(2)在施工现场需动用明火处,开具动火证,有专人看火、消防设施有效,预防各类火灾隐患。

(3)施工中使用的各种电动机具应有防护罩,防止意外伤人。

(4)电、气焊等特殊工种工人应持证上岗,操作人员应戴面罩和防护手套。

怎样才能保障花饰制作安装施工的安全?

(1)机械应由专人负责,不得随便动用。操作人员必须熟悉机械性能,熟悉操作技术。用完机械应切断电源,并将电源箱关门上锁。

(2)使用电钻时应戴橡胶手套,不用时及时切断电源。

(3)操作前,先检查工具。斧、锤、凿等易掉头断把的工具,经检查修理后再用。

(4)操作时,工具应放在工具袋里,不得将斧子、锤子等掖在腰上工作。

(5)操作地点的刨花、碎木料应及时清理,并存放在安全地点,做到活完脚下清。

(6)砍斧、打眼不得对面操作,如并排操作时,应错位 1.2 m 以上的间距,以防锤、斧失手伤人。

(7)胶黏剂、环氧树脂胶黏剂等有毒性材料,操作时应开窗通风换气。

(8)操作地点,严禁吸烟,注意防火。

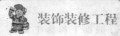

(9)花饰应保证安装质量,不得有松动、脱落现象。

怎样才能保障橱柜制作安装施工的安全?

(1)木工机械应由专人负责,不得随便动用。操作人员必须熟悉机械性能,熟悉操作技术。用完机械应切断电源,并将电源箱关门上锁。

(2)使用电钻时应戴橡胶手套,不用时及时切断电源。

(3)操作前,先检查工具。斧、锤、凿等易掉头断把的工具,经检查修理后再用。

(4)砍斧、打眼不得对面操作,如并排操作时,应错位 1.2 m 以上的间距,以防锤、斧失手伤人。

(5)在较高处进行作业时,应使用高凳或架子,并应采取安全防护措施,高度超过 2 m 时,应系安全带。

(6)操作时,工具应放在工具袋里,不得将斧子、锤子等掖在腰上工作。

(7)操作地点的刨花、碎木料应及时清理,并存放在安全地点,做到活完脚下清。

(8)安装、加工场所不得使用明火,并设防火标志,配备消防器具。

怎样才能保障门窗工程施工的安全?

(1)进入现场必须戴安全帽。严禁穿拖鞋、高跟鞋、带钉易滑的鞋进入现场。

(2)作业人员在搬运玻璃时应戴手套,或用布、纸垫住将玻璃与手及身体裸露部分隔开,以防被玻璃划伤。

(3)裁划玻璃要小心,并在规定的场所进行。边角余料要集中堆放,并及时处理,不得乱丢乱扔,以防扎伤他人。

(4)安装玻璃门用的梯子应牢固可靠,不应缺档,梯子放置不宜过陡,其与地面夹角以 60°~70°为宜。严禁两人同时站在一个梯子

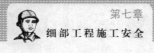

上作业。

(5)在高凳上作业的人要站在中间,不能站在端头,防止跌落。

(6)材料要堆放平稳,工具要随手放入工具袋内。上下传递工具物件时,严禁抛掷。

(7)要经常检查机电器具有无漏电现象,一经发现立即修理,决不能勉强使用。

(8)安装窗扇玻璃时要按顺序依次进行,不得在垂直方向的上下两层同时作业,以避免玻璃破碎掉落伤人。大屏幕玻璃安装应搭设吊架或挑架从上至下逐层安装。

(9)天窗及高层房屋安装玻璃时,施工点的下面及附近严禁行人通过,以防玻璃及工具掉落伤人。

(10)门窗等安装好的玻璃应平整、牢固,不得有松动现象,并在安装完后,应随即将风钩挂好或插上插销,以防风吹窗扇碰碎玻璃掉落伤人。

(11)安装完后所剩下的残余破碎玻璃应及时清扫和集中堆放,并要尽快处理,以避免玻璃碎屑扎伤人。

怎样才能保障窗帘盒、窗台板和散热器罩制作安装施工的安全?

(1)木工机械应由专人负责,不得随便动用。操作人员必须熟悉机械性能,熟悉操作技术。用完机械应切断电源,并将电源箱关门上锁。

(2)使用电钻时应戴橡胶手套,不用时及时切断电源。

(3)操作前,先检查工具。斧、锤、凿等易掉头断把的工具,经检查修理后再用。

(4)砍斧、打眼不得对面操作,如并排操作时,应错位 1.2 m 以上的间距,以防锤、斧失手伤人。

(5)操作时,工具应放在工具袋里,不得将斧子、锤子等掖在腰上工作。

(6)操作地点的刨花、碎木料应及时清理,并存放在安全地点,

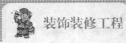

做到活完脚下清。

(7)操作地点,严禁吸烟,注意防火。

(8)窗帘盒等保证安装质量,不得有松动、脱落现象,杜绝由于窗帘盒坠落造成伤人毁物事故发生。

怎样才能保障门窗套制作安装施工的安全?

(1)材料应堆放整齐、平稳,并应注意防火。

(2)电锯、电刨应有防护罩及一机一闸一漏保护装置,所用导线、插座等应符合用电安全要求,并设专人保护及使用。施工现场临时用电均应符合国家现行标准《施工现场临时用电安全技术规范》(JGJ 46—2005)的规定。操作时必须遵守机电设备有关安全规程。电动工具应先试运转正常后方能使用。

(3)操作前,应先检查斧、锤、凿子等易断头、断把的工具,经检查、修理后再使用。

(4)机器操作人员必须经考试合格持证上岗。

(5)操作人员使用电钻、电刨时应戴橡胶手套,不用时应及时切断电源,并由专人保管。

(6)使用石膏和剔凿墙面时,应戴手套和防护镜。

(7)小型工具五金配件及螺钉等应放在工具袋内。

(8)打眼不得面对面操作。如并排操作时,应错开 1.2 m 以上,以防失手伤人。

(9)操作地点的碎木、刨花等杂物,工作完毕后应及时清理,集中堆放。

怎样才能保障木护墙制作安装的质量要求?

(1)木护墙的材质、规格、花纹和颜色、木质材料的含水率、防火等级应符合设计要求及现行国家标准的有关规定。人造板的甲醛含量应符合现行国家标准的有关规定。

(2)木护墙的选型、尺寸固定方法应符合设计要求,与基层镶钉

48

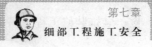

必须牢固、无松动。

（3）制作尺寸精确，表面平直光滑，棱角方正，无钉帽、毛刺及锤印等。

（4）安装位置正确，割角整齐，表面应平整、洁净、线条顺直、接缝严密、色泽一致，与墙面紧贴，出墙尺寸一致，不得有裂缝、翘曲及损坏。

（5）饰面胶合板等细木制器进场前应刷一道底漆，防止风裂和污染，进场后应存放在室内仓库或料糊中，保持干燥、通风，并按制品的种类、规格搁置垫木水平码放。

（6）施工完的木护墙应及时遮盖围挡，并设专人看管。在出入口咱装设保护条、护角板、塑料膜等保护措施，防止木护墙破坏或污染。

（7）配料时，应在操作作台上进行，不得直接在没有保护措施的成品地面上操作。

（8）木护墙安装后应刷一道底漆，以防干裂和污染。

怎样才能保障护栏、扶手制作的质量要求？

（1）护栏安装前应检查埋件的位置，如埋件的间距、标高偏差过大，不能满足安装护栏的要求时，应及时调整埋件的位置。埋件与结构的铆固必须牢固。

（2）如地面、踏步为板块材料，需预先在块材上开洞时，应事先仔细核对栏杆的间距、位置是否与埋件对应，然后开洞。洞的直径不宜大于栏杆直径的 1/3。埋件与栏杆的连接应符合设计要求。如采用焊接连接时应满焊。

（3）木扶手、塑料扶手安装前应先校正栏杆，连接栏杆的扁钢必须平直，扁钢长向的正侧面应平行于扶手。木扶手安装时，扶手下面的刻槽应与扁钢嵌合。木扶手与遍钢用木螺丝连接，螺丝间距不应大于 400 mm。塑料扶手安装时，扶手下面的刻槽应完全嵌入扁钢或支承件使之固定。

（4）木扶手的 90°、180°弯头转角应采用 45°割角黏结 180°弯头

49

区段内应至少有三个螺钉与扁钢连接固定。塑料扶手的弯头割角连接处可加热压粘，也可用胶粘接。木扶手、塑料扶手的弯头与扶手直线段的连接应粘接严密，不得松动开裂。不锈钢扶手的折弯处焊接后应锉掉毛刺，抛光。

(5)木扶手安装后应先刷一道底漆，以防止其受潮变形。扶手安装完成后应及时包裹保护，防止其污染损坏。

怎样才能保障花饰制作安装的质量要求？

(1)花饰制作所使用材料的材质、规格应符合设计要求。

(2)花饰的造型、尺寸应符合设计要求。

(3)花饰的安装位置和固定方法应符合设计要求，安装必须牢固。

(4)花饰表面应洁净，接缝应严密吻合，不得有歪斜、裂缝、翘曲及损坏。

(5)花饰安装的允许偏差和检验方法应符合表7-1的规定。

表7-1 花饰安装的允许偏差和检验方法

项次	项 目		允许偏差(mm)		检验方法
			室内	室外	
1	条型花饰的水平度或垂直度	每米	1	2	拉线和用1m垂直检测尺检查
		全长	3	6	
2	单独花饰中心位置偏移		10	15	拉线和用钢尺检查

怎样才能保障橱柜制作安装的质量要求？

(1)橱柜制作与安装所用材料的材质和规格、木材的燃烧性能等级和含水率及人造木板的甲醛含量应符合设计要求及国家现行标准的有关规定。

(2)橱柜安装预埋件或后置埋件的数量、规格、位置应符合设计

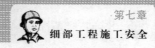

要求。

(3)橱柜的造型、尺寸、安装位置、制作和固定方法应符合设计要求。橱柜安装必须牢固。

(4)橱柜配件的品种、规格应符合设计要求。配件应齐全,安装应牢固。

(5)橱柜的抽屉和柜门应开关灵活、回位正确。

(6)橱柜表面应平整、洁净、色泽一致,不得有裂缝、翘曲及损坏。

(7)橱柜裁口应顺直、拼缝应严密。

(8)木制品进场前应涂刷底油一道,靠墙面应刷防腐剂,并入库存放。

(9)安装壁柜、吊柜时,严禁碰撞抹灰及其他装饰面的口角,防止损坏成品面层。

(10)安装好的壁柜橱柜,应进行遮盖,保护成品不被污染损坏。

怎样才能保障窗帘盒、窗台板和散热器罩制作的质量要求?

(1)窗帘盒、窗台板和散热器罩制作与安装所使用材料的材质和规格、木材的燃烧性能等级和含水率、花岗石的放射性及人造木板的甲醛含量应符合设计要求及国家现行标准的有关规定。

(2)窗帘盒、窗台板和散热器罩的造型、规格、尺寸、安装位置和固定方法必须符合设计要求。窗帘盒、窗台板和散热器罩的安装必须牢固。

(3)窗帘盒配件的品种、规格应符合设计要求,安装应牢固。

(4)窗帘盒、窗台板和散热器罩表面应平整、洁净、线条顺直、接缝严密、色泽一致,不得有裂缝、翘曲及损坏。

(5)窗帘盒、窗台板和散热器罩与墙面、窗框的衔接应严密、密封胶缝应顺直、光滑。

(6)窗帘盒、窗台板和散热器罩安装的允许偏差和检验方法应符合表7-2的规定。

 装饰装修工程

表 7-2　　窗帘盒、窗台板和散热器罩安装的允许偏差和检验方法

项次	项　目	允许偏差(mm)	检验方法
1	水平度	2	用 1 m 平方尺检查
2	上口、下口直线度	3	拉 5 m 线,不足 5 m 拉通线,用钢直尺检查
3	两端距窗洞口长度差	2	用钢直尺检查
4	两端出墙厚度差	3	用钢直尺检查

(7)安装窗帘盒时不得踩踏散热器片及窗台板,严禁在窗台板上敲击、撞碰,以防损坏。

(8)窗帘盒安装后及时刷一道底油漆,以防抹灰、喷浆等湿作业时受潮变形或污染。

(9)安装窗帘盒、窗台板和散热器罩时,应保护已完成的工程项目,不得因操作损坏地面、窗洞、墙角等成品。

(10)窗台板、散热器罩应妥善保管,做到木制品不受潮,金属品不生锈,石料、块材不损坏棱角,不受污染。

(11)安装好的成品应有保护措施,做到不损坏、不污染。

怎样才能保障门窗套制作安装的质量要求?

(1)门窗套制作与安装所使用材料的材质、规格、花纹和颜色、木材的燃烧性能等级和含水率、花岗石的放射性及人造木板的甲醛含量应符合设计要求及国家现行标准的有关规定。

(2)门窗套的造型、尺寸和固定方法应符合设计要求,安装应牢固。

(3)门窗套表面应平整、洁净、线条顺直、接缝严密、色泽一致,不得有裂缝、翘曲及损坏。

(4)安装时不得损坏装修面层、不得用锤击墙面和门窗框。应注意保护已施工完的墙面、地面、顶棚和窗台不变损坏。保持装饰面层洁净。

(5)门窗套安装的允许偏差和检验方法应符合表 7-3 的规定。

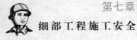

第七章
细部工程施工安全

表7—3　门窗套安装的允许偏差和检验方法

项次	项　目	允许偏差（mm）	检验方法
1	正、侧面垂直度	3	用1m垂直检测尺检查
2	门窗套上口水平度	1	用1m水平检测尺和塞尺检查
3	门窗套上口直线度	3	拉5m线，不足5m拉通线，用钢直尺检查

第八章

外墙保温系统施工安全

怎样才能保障胶粉EPC颗粒保温浆料外墙外保温系统施工的安全？

(1)搭设的操作架子或外用吊篮应有施工方案,经验收合格后方能投入使用。

(2)外架配件发生故障或影响操作需要拆改时,须由专业人员维修和拆散。

(3)进入现场的操作人员必须戴安全帽,高空作业系好安全带。

(4)雨天或5级以上风力天气不得施工。

(5)采用垂直运输设备上料时,严禁超载。运料小车的车把严禁伸出笼外,小车必须加车挡,各楼层防护门应随时关闭。

(6)应遵守有关安全操作规程。新工人必须经过技术培训和安全教育方可上岗。电动吊篮、脚手架经安全检查验收合格后,方可上人施工,施工时应有防止工具、用具、材料坠落的措施。

怎样才能保障EPS板现浇混凝土外墙外保温系统施工的安全？

(1)施工所用脚手架搭设应符合施工安全标准,脚手板应绑扎固定,不得有探头板。

(2)严禁在施工现场吸烟、动用明火。

(3)高空作业应系安全带。

(4)现场切割聚苯板时,应戴好防护用品。

(5)钢丝网架聚苯板在运输和储存中,严禁烟火,且不能与有侵蚀性的化学物品接触。

(6)由于单块挤塑板面积较大,人工搬运时,注意不要遮挡视线。

(7)大风天气时禁止人工在高空搬运挤塑板。

(8)个别挤塑板间如需嵌缝或局部补刮界面剂,要在外墙装修的电动吊篮安装好后实施。

(9)在墙体表面和楼板段刮界面剂时,应支设安全可靠的作业面。

(10)施工现场应有完好的防火措施,并严禁在现场燃烧挤塑板废料。

怎样才能保障硬泡聚氨酯现场喷涂外墙外保温系统施工的安全?

(1)进入施工现场的人员必须戴好安全帽,系好下颌带。

(2)遵守有关安全操作规程。新工人必须经过技术培训和安全教育方可上岗。

(3)操作人员剔凿墙面时要戴防护眼镜。

(4)电动吊篮、脚手架位置应方便操作,经安全检查验收合格后方可上人施工。施工时应有防止工具、用具、材料坠落的措施。

(5)脚手架上的工具、材料要分散放稳,不得超过允许荷载。

(6)脚手板不得搭设在门窗、暖气片、洗脸池等非承重的器物上。

(7)夜间施工或在光线不足的地方施工时,应采用 36 V 的低压照明设备,地下室照明用电不超过 12 V。

怎样才能保障聚苯板玻纤网格布聚合物砂浆外墙外保温系统施工的安全?

(1)进入施工现场的作业人员,必须首先参加安全教育培训,考试合格方可上岗作业,未经培训或考试不合格者,不得上岗作业。

(2)进入施工现场的人员必须戴好安全帽,系好下颌带;按照作业要求正确穿戴个人防护用品,着装要整齐;在没有可靠安全防护设施高处在 2 m 以上(含 2 m)的悬崖和陡坡施工时,必须系安全带;高处作业不得穿硬底和带钉易滑的鞋进入施工现场。

(3)在施工现场行走要注意安全,不得攀登脚手架、井字架、龙门架、外用电梯。禁止乘坐非乘人的垂直运输设备。

(4)脚手架上的工具、材料要分散放稳,不得超过允许荷载。

(5)脚手板不得搭设在门窗、暖气片、洗脸池等非承重的物器上。阳台通廊部位抹灰,外侧必须挂设安全网。严禁踩踏脚手架的护身栏和阳台栏板进行操作。

(6)夜间或阴暗处作业,应用 36 V 以下安全电照明。

(7)使用电钻、砂轮等手持电动机具,必须装有漏电保护器,作业前应试机检查,作业时应戴绝缘手套。

第九章

装饰装修机械设备安全

怎样安全使用灰浆搅拌机？

(1)固定式搅拌机应有牢靠的基础,移动式搅拌机应采用方木或撑架固定,并保持水平。

(2)作业前应检查并确认传动机构、工作装置、防护装置等牢固可靠,三角胶带松紧适当,搅拌叶片和筒壁间隙在3~5 mm之间,搅拌轴两端密封良好。

(3)启动后,应先空运转,检查搅拌叶旋转方向正确后,方可加料加水,进行搅拌作业。加入的沙子应过筛。

(4)运转中,严禁用手或木棒等伸进搅拌筒内,或在筒口清理灰浆。

(5)作业中,当发生故障不能继续搅拌时,应立即切断电源,将筒内灰浆倒出,排除故障后方可使用。

(6)固定式搅拌机的上料斗应能在轨道上移动。料斗提升时,严禁斗下有人。

(7)作业后,应清除机械内外的砂浆和积料,并用水清洗干净。

怎样安全使用柱塞式、隔膜式灰浆泵？

(1)灰浆泵应安装平稳。输送管路的布置宜短直、少弯头;全部输送管道接头应紧密连接,不得渗漏;垂直管道应固定牢固;管道上不得加压或悬挂重物。

(2)作业前应检查并确认球阀完好,泵内无干硬灰浆等物,各连接件紧固牢靠,安全阀已调整到预定的安全压力。

（3）泵送前，应先用水进行泵送试验，检查并确认各部位无渗漏。当有渗漏时，应先排除。

（4）被输送的灰浆应搅拌均匀，不得有干砂和硬块；不得混入石子或其他杂物；灰浆稠度应为 80～120 mm。

（5）泵送时，应先开机后加料；应先用泵压送适量石灰膏润滑输送管道，然后再加入稀灰浆，最后调整到所需稠度。

（6）泵送过程应随时观察压力表的泵送压力，当泵送压力超过预调的 1.5 MPa 时，应反向泵送，使管道内部分灰浆返回料斗，再缓慢泵送；当无效时，应停机卸压检查，不得强行泵送。

（7）泵送过程不宜停机。当短时间内不需泵送时，可打开回浆阀使灰浆在泵体内循环运行。当停泵时间较长时，应每隔 3～5 min泵送一次，泵送时间宜为 0.5 min，应防灰浆凝固。

（8）故障停机时，应打开泄浆阀使压力下降，然后排除故障。灰浆泵压力未达到零时，不得拆卸空气室、安全阀和管道。

（9）作业后，应采用石灰膏或浓石灰水把输送管道里的灰浆全部泵出，再用清水将泵和输送管道清洗干净。

怎样安全使用挤压式灰浆泵？

（1）使用前，应先接好输送管道，往料斗中加注清水，启动灰浆泵后，当输送胶管出水时，应折起胶管，待升到额定压力时停泵，观察各部位应无渗漏现象。

（2）作业前，应先用水、再用白灰膏润滑输送管道后，方可加入灰浆，开始泵送。

（3）料斗加满灰浆后，应停止振动，待灰浆从料斗泵送完时，再加新灰浆振动筛料。

（4）泵送过程应注意观察压力表。当压力迅速上升，有堵管现象时，应反转泵送 2～3 转，使灰浆返回料斗，经搅拌后再泵送。当多次正反泵仍不能畅通时，应停机检查，排除堵塞。

（5）工作间歇时，应先停止送灰。后停止送气，并要防止气嘴被灰堵塞。

(6)作业后,应对泵机和管路系统全部清洗干净。

怎样安全使用喷浆机?

(1)石灰浆的密度应为 1.06~1.10 g/cm³。

(2)喷涂前,应对石灰浆采用 60 目筛网过滤两遍。

(3)喷嘴孔径宜为 2.0~2.8 mm;当孔径大于 2.8 mm 时,应及时更换。

(4)泵体内不得无液体干转。在检查电动机旋转方向时,应先打开料桶开关,让石灰浆流入泵体内部后,再开动电动机带泵旋转。

(5)作业后,应往料斗中注入清水,开泵清洗直到水清为止,再倒出泵内积水;清洗疏通喷头座及滤网,并将喷枪擦洗干净。

(6)长期存放前,应清除前、后轴承座内的石灰浆积料,堵塞进浆口,从出浆口注入机油约 50 mL,再堵塞出浆口,开机运转约 30 s,使泵体内润滑防锈。

怎样安全使用高压无气喷涂机?

(1)启动前,调压阀、卸压阀应处于开启状态,吸入软管、回路软管接头和压力表、高压软管及喷枪等均应连接牢固。

(2)喷涂燃点在 21 ℃以下的易燃涂料时,必须接好地线,地线的一端接电动机零线位置,另一端应接涂料桶或被喷的金属物体。喷涂机不得和被喷物放在同一房间里,周围严禁有明火。

(3)作业前,应先空载运转,然后用水或溶剂进行运转检查。确认运转正常后,方可作业。

(4)喷涂中,当喷枪堵塞时,应先将喷枪关闭,使喷嘴手柄旋转 180°,再打开喷枪用压力涂料排除堵塞物,当堵塞严重时,应停机卸压后,拆下喷嘴,排除堵塞。

(5)不得用手指试高压射流,射流严禁正对其他人员。喷涂间隙时,应随手关闭喷枪安全装置。

(6)高压软管的弯曲半径不得小于 250 mm,亦不得在尖锐的物

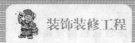

体上用脚踩高压软管。

(7)作业中,当停歇时间较长时,应停机卸压,将喷枪的喷嘴部位放入溶剂内。

(8)作业后,应彻底清洗喷枪。清洗时不得将溶剂喷回小口径的溶剂桶内。应防止产生静电火花引起着火。

怎样安全使用水磨石机?

(1)水磨石机宜在混凝土达到设计强度 70%～80% 时进行磨削作业。

(2)作业前,应检查并确认各连接件紧固,当用木槌轻击磨石发出无裂纹的清脆声音时,方可作业。

(3)电缆线应离地架设,不得放在地面上拖动。电缆线应无破损,保护接地良好。

(4)在接通电源、水源后,应手压扶把使磨盘离开地面,再启动电动机。同时应检查确认磨盘旋转方向与箭头所示方向一致,待运转正常后,再缓慢放下磨盘,进行作业。

(5)作业中,使用的冷却水不得间断,用水量宜调至工作面不发干。

(6)作业中,当发现磨盘跳动或异响,应立即停机检修。停机时,应先提升磨盘后关机。

(7)更换新磨石后,应先在废水磨石地坪上或废水泥制品表面磨 1～2 h,待金刚石切削刃磨出后,再投入工作面作业。

(8)作业后,应切断电源,清洗各部位的泥浆,放置在干燥处,用防雨布遮盖。

怎样安全使用混凝土切割机?

(1)使用前,应检查并确认电动机、电缆线均正常,保护接地良好,防护装置安全有效,锯片选用符合要求,安装正确。

(2)启动后,应空载运转,检查并确认锯片运转方向正确,升降

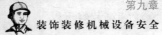

机构灵活,运转中无异常、异响,一切正常后,方可作业。

(3)操作人员应双手按紧工件,均匀送料,在推进切割机时,不得用力过猛。操作时不得戴手套。

(4)切割厚度应按机械出厂铭牌规定进行,不得超厚切割。

(5)加工件送到与锯片相距 300 mm 处或切割小块料时,应使用专用工具送料,不得直接用手推料。

(6)作业中,当工件发生冲击、跳动及异常音响时,应立即停机检查,排除故障后,方可继续作业。

(7)严禁在运转中检查、维修各部件。锯台上和构件锯缝中的碎屑应采用专用工具及时清除,不得用手拣拾或抹拭。

(8)作业后,应清洗机身,擦干锯片,排放水箱中的余水,收回电缆线,并存放在干燥、通风处。

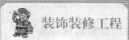

装饰装修工程

参考文献

[1] 北京城建集团. 建筑、路桥、市政工程施工工艺标准[S].
北京:中国计划出版社,2007.
[2] 中国建筑第八工程局. 建筑工程施工技术标准[S]. 北
京:中国建筑工业出版社,2005.
[3] 北京建工集团有限责任公司. 建筑分项工程施工工艺标
准[S]. 北京:中国建筑工业出版社,2008.
[4] 北京建工集团有限责任公司. 建筑设备安装分项工程施
工工艺标准[S]. 北京:中国建筑工业出版社,2008.

责任编辑：曹艳芳 陈小刚
封面设计：郑春鹏

从零开始学技术—土建工程系列
从零开始学技术—建筑安装工程系列
从零开始学技术—建筑装饰装修工程系列
村镇常用建筑材料与施工便携手册
建设工程施工质量验收规范要点解析
建筑工程施工技术培训丛书
看范例快速识图系列
看施工图学技术
工程施工质量问题详解
手把手教你学预算
新农村建设丛书
工程施工安全必读系列
安装工程
公路工程
建筑工程
市政工程
园林工程
装饰装修工程
铁路工程

中国铁道出版社
CHINA RAILWAY PUBLISHING HOUSE

地址：北京市西城区右安门西街8号
邮编：100054
网址：http://www.tdpress.com

ISBN 978-7-113-13800-4

9 787113 138004 >

定 价：7.00 元

零开始学技术—建筑安装工程系列

工程电气设备安装调试工

GNGCHENG DIANQI SHEBEI ANZHUANG TIAOSHIGONG

葛新丽　主编

从零开始　学习技术
一技之长　造福社会

中国铁道出版社
CHINA RAILWAY PUBLISHING HOUSE